"十四五"职业教育国家规划教材

行水云课数字教材

高水平专业群
建设成果活页式系列教材

照明线路安装实训

主　编　雷红梅
副主编　宋光文　左江林
主　审　邓海鹰

中国水利水电出版社
www.waterpub.com.cn
·北京·

内 容 提 要

本教材为活页式实训教材，主要分为电工基本知识和安装家居照明线路两部分。第1部分电工基本知识，共有安全用电、触电急救、常用电工工具、普通照明线路、家居电气照明线路设计5个模块。第2部分安装家居照明线路分为4个学习情境，即安装上下层楼梯间照明线路、安装一房一厅照明线路、安装两房两厅照明线路和安装智能家居照明线路。学习情境的典型工作步骤为“绘制原理图—设计安装位置—安装线路—检查线路—测试验收线路”，典型工作步骤均按“资讯—计划—决策—实施—检查—评价”六步教学法设计。

本教材可作为建筑类、电气类和楼宇智能化工程技术等专业的电工基本技能、电气照明技术的实训教材，还可作为相关工程技术人员的参考用书。

图书在版编目（CIP）数据

照明线路安装实训 / 雷红梅主编. -- 北京 : 中国水利水电出版社, 2020.11(2025.1重印).
高水平专业群建设成果活页式系列教材
ISBN 978-7-5170-9183-7

Ⅰ. ①照… Ⅱ. ①雷… Ⅲ. ①电气照明－设备安装－高等职业教育－教材 Ⅳ. ①TM923

中国版本图书馆CIP数据核字(2020)第218362号

书　名	“十四五”职业教育国家规划教材 高水平专业群建设成果活页式系列教材 **照明线路安装实训** ZHAOMING XIANLU ANZHUANG SHIXUN
作　者	主　编　雷红梅 副主编　宋光文　左江林 主　审　邓海鹰
出版发行	中国水利水电出版社 （北京市海淀区玉渊潭南路1号D座　100038） 网址：www.waterpub.com.cn E-mail：sales@mwr.gov.cn 电话：(010) 68545888（营销中心）
经　售	北京科水图书销售有限公司 电话：(010) 68545874、63202643 全国各地新华书店和相关出版物销售网点
排　版	中国水利水电出版社微机排版中心
印　刷	北京市密东印刷有限公司
规　格	178mm×255mm　16开本　11.75印张　250千字
版　次	2020年11月第1版　2025年1月第2次印刷
印　数	3001—5500册
定　价	**38.00**元

前　言

本教材认真贯彻二十大精神，通过课程思政案例，着力“弘扬劳动精神、奋斗精神、奉献精神、创造精神、勤俭节约精神，培育时代新风新貌”。本教材积极响应《国家职业教育改革实施方案》（国发〔2019〕4号）中“倡导使用新型活页式、工作手册式教材”的精神，旨在开发出以学为主导的，能提升学生学习的吸引力、自学能力和创新能力的活页式教材，进而提高职业教育教学质量。

本教材基于课程标准和职业标准，将电工基本知识融入实操体验中，以上下层楼梯间、一房一厅、两房两厅和智能家居4类家居照明线路安装为学习情境组织教学，以活页的形式将任务“从简单到复杂、从单一到综合”贯穿起来，契合“稳中求进、循序渐进、持续推进”的“二十大精神”。教材主要文件包括学习性工作任务单、资讯单、计划单、决策单、实施单、检查单、评价单，辅助文件有材料工具清单、教学反馈单、教学引导文、成绩报告单（附录1）、教师实施计划单（附录1）等。以“绘制原理图—设计安装位置—安装线路—检查线路—测试验收线路”为典型工作步骤，按“资讯—计划—决策—实施—检查—评价”六步教学法设计实训环节，将照明线路安装工序、技术标准、操作规范等作为主要实训内容，以学材为主体组织结构设计、内容编写，促进学生自学，全过程训练学生的创新思维、创新能力，通过实践训练培养学生的创业素质和职业素养。

学生在实训过程中，可以利用本教材进行拓展学习、深度学习，将个性化的内容、体会、收获等纸质记录及时充实到教材相应页面中，丰富知识、积累经验、提高技术。

教师在教学过程中，可以随时将照明线路安装的新技术、新知识打印几页给学生添加在本教材相应页面中或更新二维码关联的数字资源，使教材内容不断充实、更新。

本教材由广西水利电力职业技术学院副教授雷红梅担任主编，广西恒都输变电有限公司高级工程师宋光文、广西水利电力职业技术学院高级工程师左江林担任副主编，广西水利电力职业技术学院邓海鹰教授担任主审。参加编写的人员还有广西工业职业技术学院教授莫文火，广西水利电力职业技术学院施华、钟秋老师，广西建设职业技术学院蒋文艳老师，黔西南民族职业技术学院王玲老师。

本教材编写人员在编写过程中参考了闫智勇博士讲座中的“活页式和工作手册式教材编写体例”内容及同行们的优秀教材，得到很大启发和教益，在此表示衷心的感谢。

鉴于水平和时间所限，书中难免有疏漏之处，恳请广大师生和读者批评指正。

编者

2022年11月

多媒体知识点索引

续表

目　录

第2部分　安装家居照明线路

第 1 部分

电 工 基 本 知 识

模块 1

安 全 用 电

电力作为一种最基本的能源，是国民经济及广大人民日常生活不可缺少的东西。由于电本身看不见、摸不着，它具有潜在的危险性。只有掌握了用电的基本规律，懂得了用电的基本常识，按操作规程办事，电就能很好地为人民服务。否则，会造成意想不到的电气故障，导致人身触电、电气设备损坏，甚至引起重大火灾等。轻则使人受伤，重则致人死亡。所以，必须高度重视用电安全问题。

1.1 触电的危害

当人体触及带电体，或者带电体与人体之间闪击放电，或者电弧及人体时，电流通过人体进入大地或其他导体，形成导电回路，这种情况，就叫触电。触电时人体会受到某种程度的伤害，按其伤害程度不同可分为电击和电伤两种。

电击是指电流通过人体时所造成的内伤。它可以使肌肉抽搐，内部组织损伤，造成发热发麻，神经麻痹等。严重时将引起昏迷、窒息，甚至心脏停止跳动而死亡。通常说的触电就是电击。触电死亡大部分由电击造成。

电伤是指触电时，人体与带电体接触不良部分发生的电弧灼伤，或者是人体与带电体接触部分的电烙印，由于被电流熔化和蒸发的金属微粒等侵入人体皮肤引起的皮肤金属化。这此伤害会给人体留下伤痕，严重时也可能致人死亡。电伤通常是由电流的热效应、化学效应或机械效应造成的。

电击和电伤也可能同时发生，这在高压触电事故中是常见的。

1.2 触电电流的大小对人体的危害程度

(1) 当人体流过工频 1mA 或直流 5mA 电流时，人体就会有麻、刺、痛的感觉。

(2) 当人体流过工频 20～50mA 或直流 80mA 电流时，人就会产生麻痹、痉挛、刺痛，血压升高，呼吸困难的症状。自己不能摆脱电源，就有生命危险。

(3) 当人体流过 100mA 以上电流时，人就会呼吸困难，心脏停跳。

一般来说，10mA 以下工频电流和 50mA 以下直流电流流过人体时，人能摆脱电源，故危险性不太大。

1.3　与触电电流大小有关的因素

触电对人体的伤害程度主要表现为触电电流的大小。引起触电电流大小的变化与以下因素有关。

1. 人体电阻

人体电阻主要是皮肤电阻，表皮 0.05～0.2mm 厚的角质层的电阻很大，皮肤干燥时，人体电阻约为 6～10kΩ，甚至高达 100kΩ；但角质层容易被破坏，除了质层的皮肤电阻约为 800～1200Ω；内部组织的电阻约为 500～800Ω。

2. 触电电压

电压越高，危险性就越大。人体通过 10mA 以上的电流就会有危险。因此，要使通过人体的电流小于 10mA，若人体电阻按 1200Ω 算，根据欧姆定律：$U=IR=0.01\times1200=12$（V）。如果触电电压小于 12V，电流小于 10mA，人体是安全的。我国规定：特别潮湿，容易导电的地方，12V 为安全电压。如果空气干燥，条件较好时，可用 24V 或 36V 电压。一般情况下，12V、24V、36V 是安全电压的三个级别。

3. 触电时间

触电时间越长，后果就越严重。触电电流与时间的关系为：电流的毫安乘以持续时间，以 mA·s 表示。我国规定 50mA·s 为安全值。超过这个数值，就会对人体造成伤害。

4. 触电部位及健康状况

触电电流流过呼吸器官和神经中枢时，危害程度较大；流过心脏时，危害程度更大；流过大脑时，会使人立即昏迷。心脏病、内分泌失调、肺病、精神病患者，在同等情况下，危险程度更大些。

1.4　触电的几种方式

触电最常见的形式是电击，也是最危险的。触电方式一般有以下几种。

1. 单相触电

定义：人体接触一根火线所造成的触电事故。单相触电形式最为常见。

(1) 中性点接地电网的单相触电。当人体接触其中一根火线时，人体承受 220V 的相电压，电流通过人体→大地→中性点接地体→中性点，形成闭合回路。触电后果比较严重。

(2) 中性点不接地单相触电。当人体接触一根火线时，触电电流经人体→大地→线路→对地绝缘电阻（空气）和分布电容形成两条闭合回路。如果线路绝缘良好，空气阻抗、容抗很大，人体承受的电流就比较小，一般不发生危险；如果绝缘性不好，则危险性就增大。

2. 两相触电

人体同时接触两根火线所造成的触电为两相触电。当人体同时接触两相火线时，电流经 B 相火线→人体→C 相火线→中性点构成闭合回路。380V 线电压直接作用于人体，触电电流 300mA 以上，这种触电最为危险。

3. 跨步电压触电

三相线偶有一相断落在地面时，电流通过落地点流入大地，此落地点周围形成一个强电场。距落地点越近，电压越高，影响范围约 10m 左右。当人进入此范围时，两脚之间的电位不同，就形成跨步电压。跨步电压通过人体的电流就会使人触电。高压线有一相触地尤其危险。在潮湿地面，低压线断线触地形成的跨步电压也在 10V 以上，对人体也会造成伤害。时间长了就会有生命危险。

4. 雷击触电

雷雨云对地面突出物产生放电，它是一种特殊的触电方式。雷击感应电压高达几十至几百万伏，其能量可把建筑物摧毁，使可燃物燃烧，把电力线及用电设备击穿、烧毁，造成人身伤亡，危害性极大。目前，一般通过避雷设施将强大的电流引入地下，避免雷电的危害。

1.5　触电的原因

（1）缺乏电器安全知识。

（2）违反操作规程，人体接触电气设备的带电部分。

（3）设备不合格，由于设备绝缘损坏，设备金属外壳带电，人体无意接触外壳。

（4）维修不善。

（5）高压线 220kV、110kV、35kV、10kV 等的接地点、短路点、跨步电压形成的对人体的伤害。

低压设备应用广泛，接触低压设备的人多。多种情况下是触及点不带电，偶尔因某种原因带电，大多是设备设计安装有缺陷，运行不合理、保护装置不完善等原因。

1.6　安全用电常识

（1）要想保证用电的安全，家用电器、办公电器等用电设备就一定要安装使用漏电保护开关。漏电保护开关要经常检查，每月试跳不少于一次，如有失灵立即更换。保险丝烧断或漏电保护开关跳闸后要查明原因，排除故障才可恢复送电。

（2）千万不要用铜线、铝线、铁线代替保险丝，空气开关损坏后立即更换，保险丝和空气开关的大小一定要与用电容量相匹配，否则容易造成触电或电气火灾。

（3）用电设备的金属外壳必须与保护线可靠连接，单相用电要用三蕊电缆连接，三相用电的用四蕊电缆连接。保护在户外与低压电网的保护中性线或接地装置可靠连接。保护中性线必须重复接地。

（4）电缆或电线的驳口或破损处要用电工胶布包好，不能用医用胶布代替，更不能用尼龙纸包扎。不要用电线直接插入插座内用电。

（5）电器通电后发现冒烟、发出烧焦气味或着火时，应立即切断电源，切不可用水或泡沫灭火器灭火。

（6）不要用湿手触摸灯头、开关、插头插座和用电器具。开关、插座或用电器具损坏或外壳破损时应及时修理或更换，未经修复不能使用。

（7）厂房内的电线不能乱拉乱接，禁止使用多驳口和残旧的电线，以防触电。

（8）电炉、电烙铁等发热电器不得直接搁在木板上或靠近易燃物品，对无自动控制的电热器具用后要随手关电源，以免引起火灾。

（9）工厂内的移动式用电器具，如座地式风扇、手提砂轮机、手电钻等电动工具都必须安装使用漏电保护开关实行单机保护。

（10）发现有人触电，千万不要用手去拉触电者，要尽快拉开电源开关或用干燥的木棍、竹杆挑开电线，立即用正确的人工呼吸法进行现场抢救。

（11）电气设备的安装、维修应由持证电工负责。

（12）各种电气设备插头应经常保持完好无损，不用时应从插座上拔下，从插座上取下电线插头时，应握住插头，而不要拉电线。工作台上的插座应安装在不易碰装的位置，若有损坏应及时修理或更换。

（13）移动某些非固定安装的设备，如风扇、照明灯等设备时必须先断开电源，并保护好电源线，不得随便乱拉乱拽以免磨损、挤压、拉断；严禁带电移动或维修、试验各种电器设备（包括家用电器）。

1.7　触电者脱离电源方法

触电急救的第一步是使触电者迅速脱离电源，因为电流对人体的作用时间越长，对生命的威胁就越大。

1. 脱离低压电源的方法

脱离低压电源可用“拉”“切”“挑”“拽”“垫”五字来概括。

（1）拉：指就近拉开电源开关、拔出插头或瓷插熔断器，如图 1.1.1 所示。

（2）切：当电源开关、插座或瓷插熔断器距离触电现场较远时，可用带有绝缘柄的利器切断电源线，如图 1.1.2 所示。切断时应防止带电导线断落触及周围的人体。多芯绞合线应分相切断，以防短路伤人。

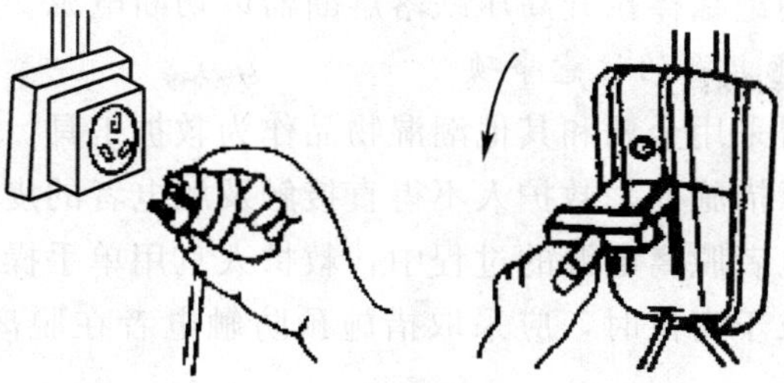

（a）拔掉插座　　（b）拉下电闸

图 1.1.1　拉电源

（3）挑：如果导线搭落在触电者身上或压在身下，这时可用干燥的木棒、竹竿等挑开导线，或用干燥的绝缘绳套拉导线或触电者，使触电者脱离电源，如图 1.1.3 所示。

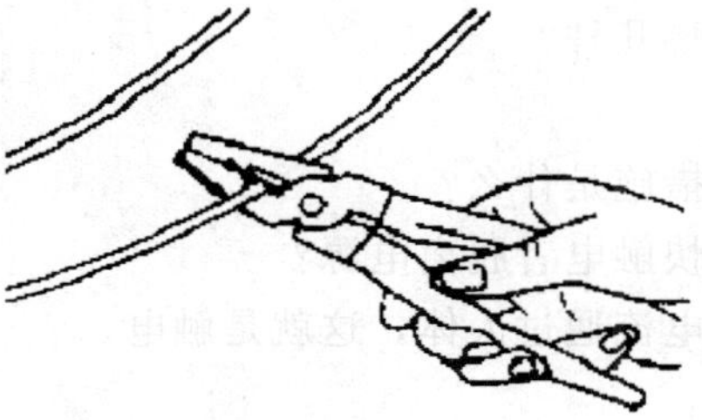

图 1.1.2　切电源（剪断连接的电线）

图 1.1.3　挑电源（挑开电线）

（4）拽：救护人可戴上手套或在手上包缠干燥的衣服等绝缘物品拖拽触电者，使之脱离电源。如果触电者的衣裤是干燥的，又没有紧缠在身上，救护人可直接用一只手抓住触电者不贴身的衣裤，将其拉脱电源，但要注意拖拽时切勿触及触电者的皮肤。也可站在干燥的木板、橡胶垫等绝缘物品上，用一只手将触电者拖拽开来，如图 1.1.4 所示。

（5）垫：如果触电者由于痉挛，手指紧握导线，或导线缠绕在身上，可先用干燥的木板塞进触电者身下，使其与地绝缘，然后再采取其他办法把电源切断。

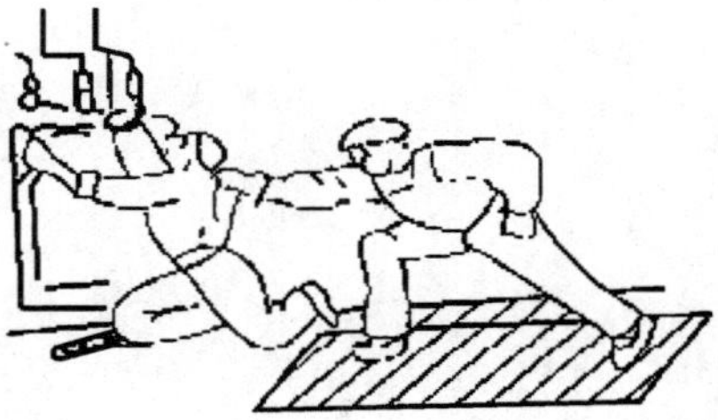

图 1.1.4　拖拽触电者脱离电源

2. 脱离高压电源的方法

由于线路的电压等级高，一般绝缘物品不能保证救护人的安全，而且高压电源开关距离现场较远，不便拉闸。因此，使触电者脱离高压电源的方法与脱离低压电源的方法有所不同。通常的做法如下：

（1）立即电话通知有关供电部门拉闸停电。

（2）如果电源开关离触电现场不太远，则可戴上绝缘手套，穿上绝缘靴，拉开高压断路器，或用绝缘棒拉开高压跌落熔断器以切断电源。

3. 使触电者脱离电源的注意事项

（1）救护人不得采用金属和其他潮湿物品作为救护工具。

（2）未采取绝缘措施前，救护人不得直接触及触电者的皮肤和潮湿的衣服。

（3）在拉拽触电者脱离电源的过程中，救护人宜用单手操作，这样比较安全。

（4）当触电者位于高位时，应采取措施预防触电者在脱离电源后坠地摔死的二次受伤。

（5）夜间发生触电事故时，应考虑切断电源后的临时照明问题，以利救护。

思考与练习

1. 电气设备发生火灾时，可带电灭火的器材是哪几种？

2. 什么叫安全电压？安全电压最高是多少伏？

3. 影响电流对人体伤害程度的主要因素有哪些？

4. 触电的种类有哪几种？触电的方式有哪几种？

5. 脱离低压电源的主要方法有哪些？

6. 保证电气检修人员人身安全最有效的措施是什么？

7. 对于高压触电事故，可采用哪些方法快触电者脱离电源？

8. 人体是导体，人体触及带电体时，有电流通过人体，这就是触电。

电流对人体的危险与哪些因素有关？

9. 什么叫短路？短路有什么害处？

10. 在什么情况下的开关、刀闸的操作手柄上须挂“禁止合闸，有人工作!”的标示牌？

模块 2

触　电　急　救

当发现有人触电后，应立即拉断电源开关或拔掉电源插头。救护人员应及时根据现场条件，采取适当的方法和措施，使触电人员迅速脱离电源，进行积极抢救，抢救的方法主要有人工呼吸法和胸外心脏挤压法。

2.1　人工呼吸急救法

人工呼吸的急救方法很多，其中，口对口呼吸法效果最好，且简单易学，容易掌握。

（1）将触电者仰卧，打开气道，救护者一只手捏紧触电者的鼻子，另一只手掰开触电者的嘴，救护者直接用嘴或隔一层薄布吹气，每次吹气要以触电者的胸部微微鼓起为宜，时间约为 2s。

（2）吹气停止后，立即将嘴移开，放松捏鼻的手，让触电者自行呼吸，时间约为 3s。

（3）每次吹气的速度要均匀，反复多次，直到触电者能够自行呼吸为止。

（4）如果触电者的嘴不易掰开，可捏紧嘴，向鼻孔吹气。

2.2　胸外心脏按压急救法

（1）胸外心脏按压急救法适用于心脏骤停或不规则的情况，其目的是通过人工操作，有节律的使心脏收缩，从而达到恢复触电者心跳的目的。

（2）先让触电者仰卧在硬板或平地上，保持呼吸道畅通，以保证按压的效果。

（3）救护者跪在触电者的一侧，两手相叠，手掌根部放在心窝稍高一点的地方，掌根用力垂直向下按压，压出心脏里的血液。对成人压陷 4～5cm，每分钟按压 100 次为宜；对于儿童，压胸深度较成人浅。

（4）按压后，掌根迅速放松，让触电者的胸部自动复原，让血液充满心脏。心脏按压有效果时，会摸到颈动脉的搏动，如果摸不到脉搏，应加大按压力量，减缓挤压速度，再“试”脉搏是否跳动。按压时要十分注意按压的位置和用力的大小，以免发生肋骨骨折。

触电现场人工救护示范如图 1.2.1～图 1.2.5 所示。

1）看——看伤员的胸部、腹部有无起伏动作，看瞳孔是放大还是收缩及脸部表情的变化。

2）听——用耳贴近伤员的口鼻处，听有无呼气声音。

3）试——试测口鼻有无呼气的气流，再用两手指轻试一侧（左或者右）喉结旁凹陷处的颈动脉有无搏动。

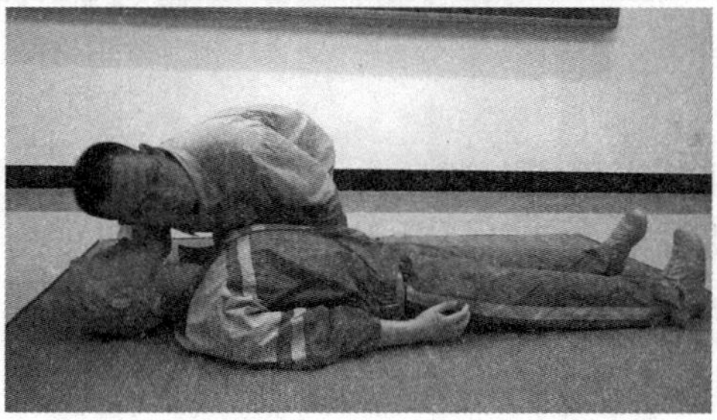

图 1.2.1　触电现场人工救护——听

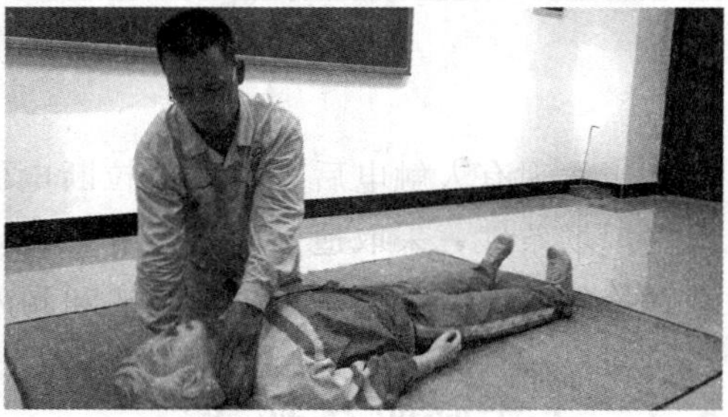

图 1.2.2　触电现场人工救护——试

4）吹气——在保持伤员气道通畅同时，救护人员用放在伤员额上的手指捏住伤员鼻翼，救护人员深呼吸后，口对口紧包合住伤员的口，在不漏气的情况下，连续吹气两次，每次 1～1.5s，吹气量为 800～1000mL。

5）胸外按压——①找按压点：右手的食指和中指沿伤员的右侧肋弓下缘向上，找到肋骨和胸骨接合处的中点，两手指并齐，中指放在切迹中点（剑突底部），食指平放在胸骨下部，另一只手的掌根紧挨食指上缘，置于胸骨上，即为正确按压位置；②按压姿势：救护人员的两肩位于伤员胸骨正上方，两臂伸直，肘关节固定不屈，两手掌根相叠，手指翘起，不接触伤员胸壁。以髋关节为支点，利用上身的重力，垂直将正常成人胸骨压陷 4～5cm，频率 100/min，按压和放松时间相等。

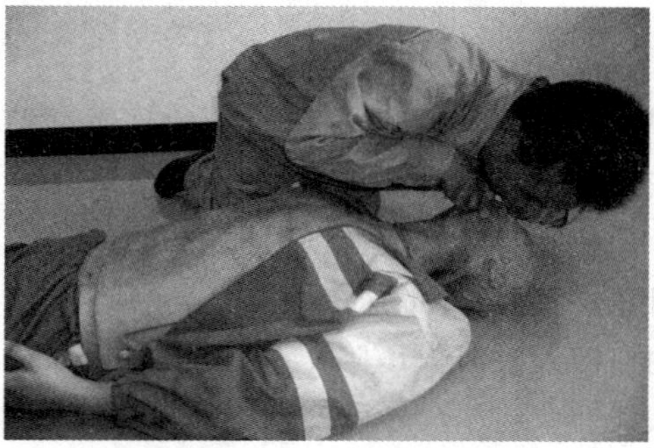

图 1.2.3　触电现场人工救护——吹气

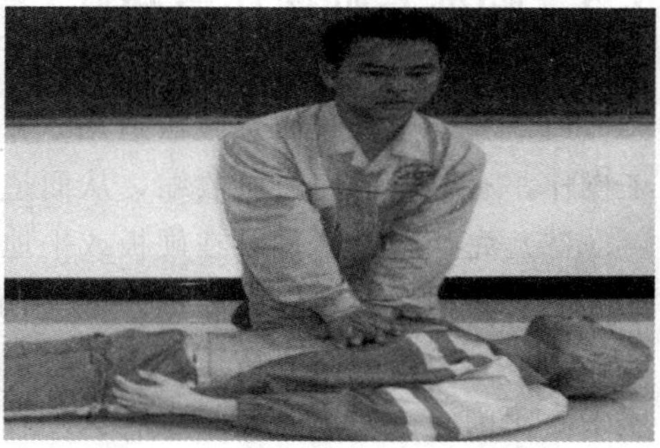

图 1.2.4　触电现场人工救护——胸外按压

6）吹气——在保持触电者气道通畅的同时，救护人员用放在伤员额上的手指捏住伤员鼻翼，救护人员深呼吸后，与触电者口对口紧合，在不漏气的情况下，连续吹气两次，每次1～1.5s，吹气量为800～1000mL。

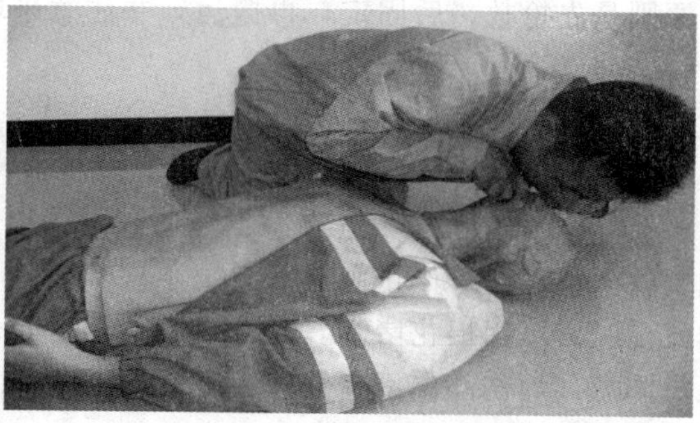

图1.2.5　触电现场人工救护——吹气（每按压30次后再吹两口气）

思考与练习

一、填空题：（40分，每题2分）

1. 人触电时，电对人体的伤害有（　　）、（　　）两种。

2. 如果人体皮肤干燥又未破损，人体的电阻一般为（　　）Ω。

3. 从（　　）手到脚的途径，电流对人的伤害最严重。

4. 50～60Hz的交流电（　　）mA、直流电（　　）mA为人体的安全电流。

5. 我国的安全电压是（　　）、（　　）、（　　）、（　　）、（　　）V。

6. 触电的三种情况是（　　　　　　　　）。

7. 触电急救必须分秒必争，立即就地迅速用（　　）法 进行抢救，并坚持不断地进行，同时应及早与（　　）部门联系。

8. 使触电人（　　　　　　　　）是紧急救护的第一步。

9. 如果触电人所处的位置较高，必须预防断电后（　　）的危险。

10. 触电急救的八字方针（　　）。

11. 打开气道的方法有（　　）（　　）（　　）（　　）。

12. 诊段心脏停止最有效的方法是（　　　　　　　）

13. 口对口人工呼吸成年人每次吹气量应大于（　　）mL，小于（　　）mL。

14. 口对口人工呼吸应每分钟（　　）次。

15. 人工胸外心脏挤压一般成年人胸骨可压下（　　）cm。

16. 人工胸外心脏挤压一般对成年人是（　　）次/min。

17. 单人抢救时，人工呼吸和胸外挤压同时进行的挤压频率为（　　）次/min，按压与吹气比为（　　）。

18. 双人抢救时，按压速度为（　　）次/min，按压与吹气比为（　　）次/min。

19. 在医务人员未接替救治前，不应（　　）现场抢救。

20. 只有（　　）有权力做出伤员死亡的诊断。

二、判断题：(20 分，每题 2 分)

1. 创伤急救的原则是先抢救，后固定，再搬运，并注意采取措施，防止伤情加重或污染。(　)

2. 外伤时，救护人员可直接用手接触伤口止血。(　)

3. 伤口出血呈喷射壮或鲜红血液涌出时，可用手指压迫出血点上方（近心端）止血。(　)

4. 可以用电线、铁丝、细绳等作止血带用。(　)

5. 耳鼻有液体流出时，可用棉花堵塞。(　)

6. 未经医务人员同意，灼伤部位不宜敷搽任何东西和药物。(　)

7. 冻伤伤员不得搓血。(　)

8. 抢救溺水者时，不应“倒水”而延误抢救时间。(　)

9. 人工抬起低处重物时，腿应站直与上身成一定角度。(　)

10. 救护人可以用双手缠上围巾拉住触电的衣服，把触电人拉开带电体。(　)

三、简答题：(10 分，每题 5 分)

1. 简述如何判定伤员呼吸、心跳情况。

2. 简述心肺复苏的三项基本措施。

四、问答题：(30 分，每题 10 分)

1. 确定正确按压位置的步骤是什么？

2. 当你看到有人在低压设备上触电时应如何让他脱离电源？

3. 心肺复苏触电模拟急救中畅通气道的动作 要领有哪些？

模块 3

常 用 电 工 工 具

常用电工工具是指电工随身携带的常备工具，主要有螺丝刀、尖嘴钳、断线钳、剥线钳、钢丝钳、活络扳手、电工刀等。

3.1 螺丝刀

1. 螺丝刀的种类

螺丝刀种类如图 1.3.1 所示。

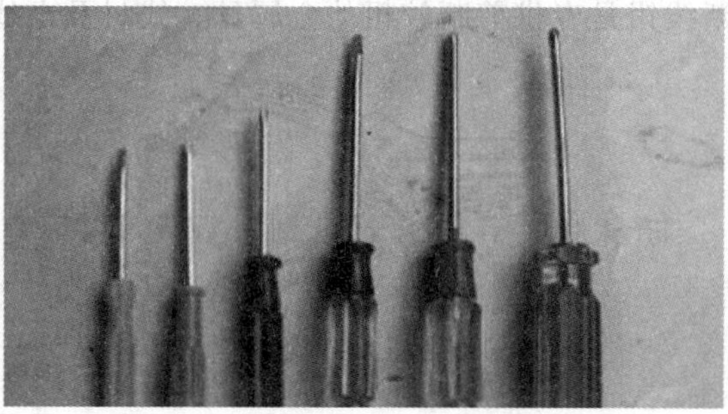

图 1.3.1 螺丝刀种类

2. 螺丝刀的合理使用与维护

（1）螺丝刀俗名称之为改锥或起子，是拆卸和紧固螺丝的工具，通常有 100mm、150mm、200mm 等几种，刀形式有“一”字型和“十”字型两种。

（2）螺丝刀使用时，应按螺丝钉的规格选择适当的刀口。

（3）不能使用金属杆直通的螺丝刀在电气设备上操作，用螺丝刀紧固或拆卸带电螺钉时，手不能触及螺丝刀的金属杆。

（4）为了避免金属杆触及皮肤或近的带电体，应在金属杆上穿套绝缘管。

（5）螺丝刀的使用训练：

1）用 100mm 的“十”字型螺丝刀在木制板上作旋紧木螺钉的练习，要求旋紧的木螺钉平整、紧固。

2）用100mm的“一”字型螺丝刀在木制板上作旋紧木螺钉的练习，要求旋紧的木螺钉平整、紧固。

3.2　尖嘴钳

尖嘴钳的头部尖细，适用于在狭小的工作空间操作，如图1.3.2所示。

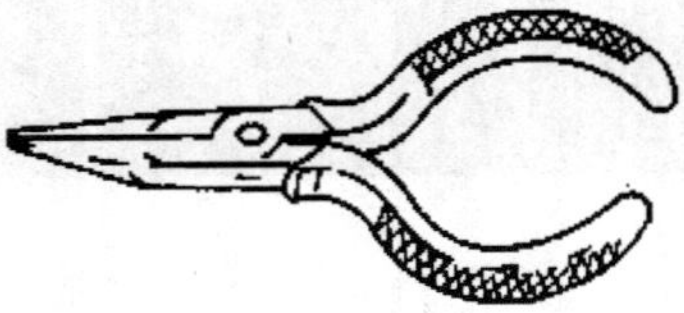

图1.3.2　尖嘴钳

带用刃口的尖嘴钳能剪断细小金属丝。尖嘴钳的绝缘柄耐压为500V，其规格以全长表示，有130mm、160mm、180mm和200mm四种。

3.3　断线钳

断线钳又称斜口钳，如图1.3.3所示，钳柄有铁柄、管柄和绝缘柄三种型式，其耐压为1000V。断线钳是专供剪断较粗的金属丝、线材及电线电缆等用。

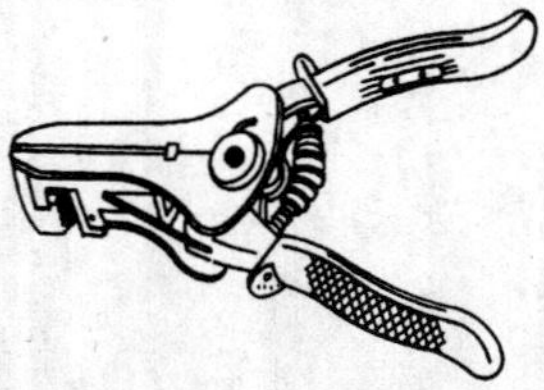

图1.3.3　断线钳

3.4　剥线钳

剥线钳是用来剥削6mm以下电线端部塑料线或橡皮绝缘的专用工具，如图1.3.4所示。它由钳头和手柄两部分组成。钳头部分由压线口和切口组成，分别有直径0.5～3mm的多个切口，以适应不同规格的线芯。使用时，电线必须放在大于其线芯直径的切口上剥，否则会切伤线芯。

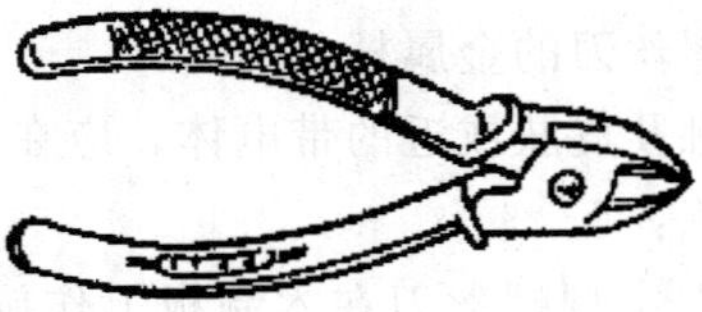

图1.3.4　剥线钳

3.5 钢丝钳

1. 钢丝钳的合理使用与维护

(1) 钢丝钳是电工用于剪切或夹持导线、金属线的钳类工具，如图 1.3.5 (a) 所示。

(2) 钢丝钳的规格较多，电工贯用约有 175mm、200mm 两种，钢丝钳手柄处必须带有塑料绝缘套。

(3) 使用钢丝钳前应检查手柄绝缘套是否完好，在切断导线时，不得将相线和中性线同时在一个钳口处切断，使用时应把刀口的一侧面向操作者。

(4) 与钢丝钳相近的还有尖嘴钳和斜口钳，尖嘴钳适于狭小的工作空间；斜口钳又叫断线钳，用于剪断小线径导线和电子元件的引线。

2. 钢丝钳的使用训练

钢丝钳的使用训练如图 1.3.5 (b) ~ (e) 所示。

(1) 弯绞导线。可利用钳口或齿口对较粗的导线进行弯曲和整形。

(2) 扳旋螺母。可用钢丝钳的齿口进行旋紧或松动螺母。

(3) 剪断导线。可用钢丝钳的刀口进行导线断切。

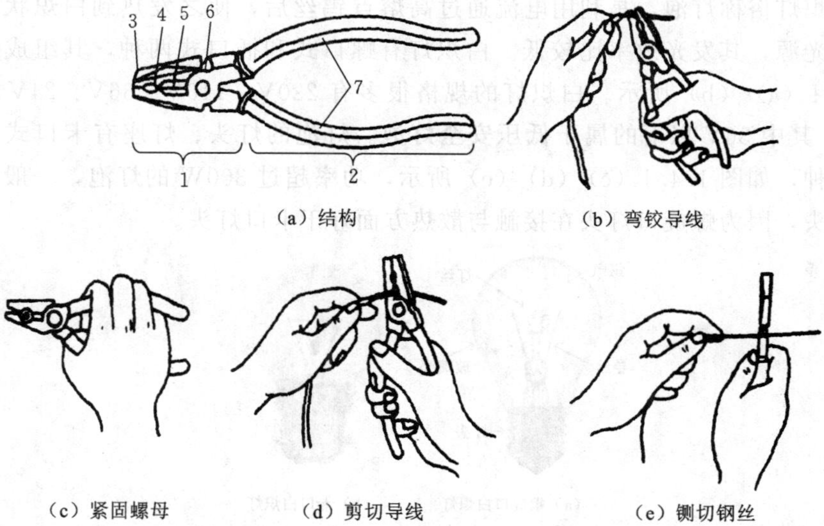

(a) 结构　(b) 弯铰导线

(c) 紧固螺母　(d) 剪切导线　(e) 铡切钢丝

图 1.3.5　电工钢丝钳的结构和用途

1—钳头 2—钳柄 3—钳头 4—齿口 5—刀口 6—铡口 7—绝缘套

模块 4

普通照明线路

普通照明电路的组成包括单相电能表、漏电保护器、熔断器、插座、灯头、开关、照明灯具和各类电线及配件辅料等。现从以下几个方面介绍。

4.1 常用照明设备

1. 白炽灯

白炽灯俗称灯泡，是利用电流通过高熔点钨丝后，使之发热到白炽状态而发光的电光源，其发光效率比较低。白炽灯有螺口式和插口式两种，其组成结构如图 1.4.1 (a) (b) 所示。白炽灯的规格很多有 220V、110V、36V、24V、12V、6V 等。其中 36V 以下的属于低压安全灯泡。灯泡的灯头、灯座有卡口式和螺旋口式两种，如图 1.4.1 (c) (d) (e) 所示，功率超过 300W 的灯泡，一般采用螺旋口灯头，因为螺旋口灯头在接触与散热方面好于卡口灯头。

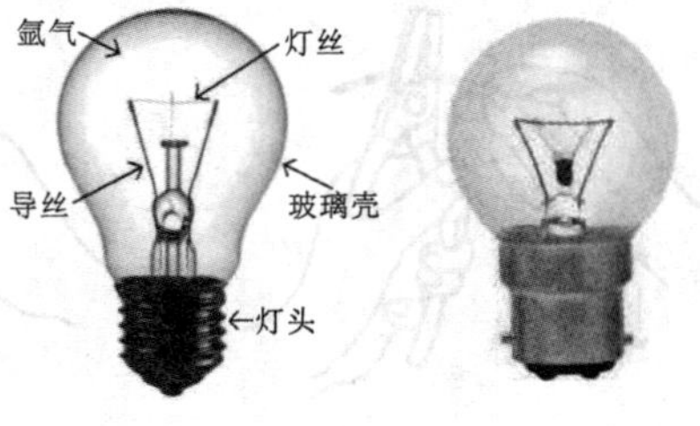

(a) 螺旋口白炽灯　(b) 卡口白炽灯

(c) 灯头　(d) 螺旋口灯座　(e) 卡口灯座

图 1.4.1　白炽灯及灯座

2. 荧光灯

荧光灯又称为日光灯，如图 1.4.2 所示，是由灯管、镇流器、启辉器、灯架、灯座组成。荧光灯管是将管内抽成真空后再充入少量氩气的玻璃管，在灯管两端各装有一个通电时能发射大量电子的灯丝。灯管内涂有荧光粉，并放有微量水银。当灯管的两个电极上通电后便加热灯丝发射电子，电子在电场的作用下逐渐达到高速碰撞汞（水银）原子，使其产生紫外线；紫外线照射到管壁的荧光粉上，使其激发出可见光。荧光灯的发光效率比白炽灯约高四倍，使用寿命长。

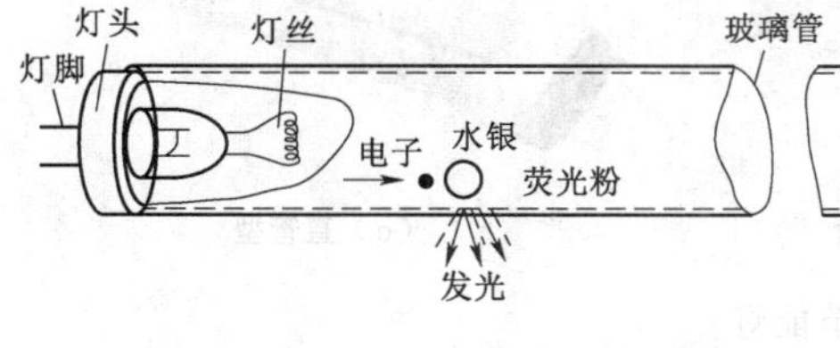

（a）荧光灯管的结构

（b）灯头

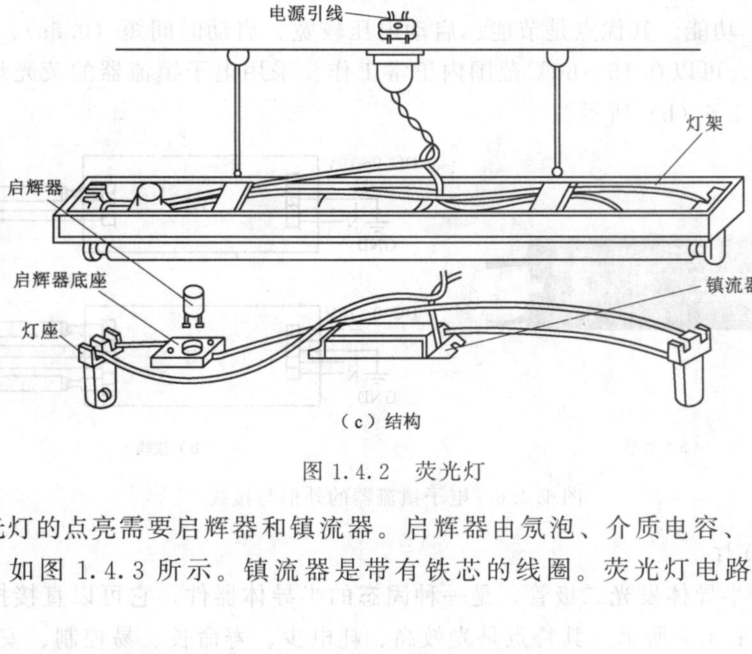

（c）结构

图 1.4.2 荧光灯

荧光灯的点亮需要启辉器和镇流器。启辉器由氖泡、介质电容、出线脚和外壳组成，如图 1.4.3 所示。镇流器是带有铁芯的线圈。荧光灯电路如图 1.4.4 所示。

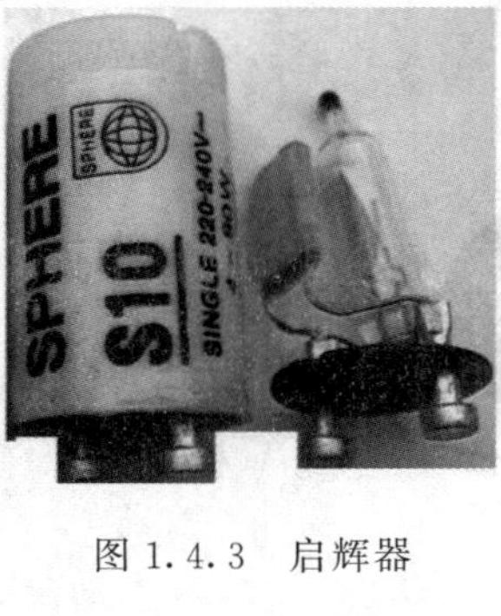

图 1.4.3 启辉器

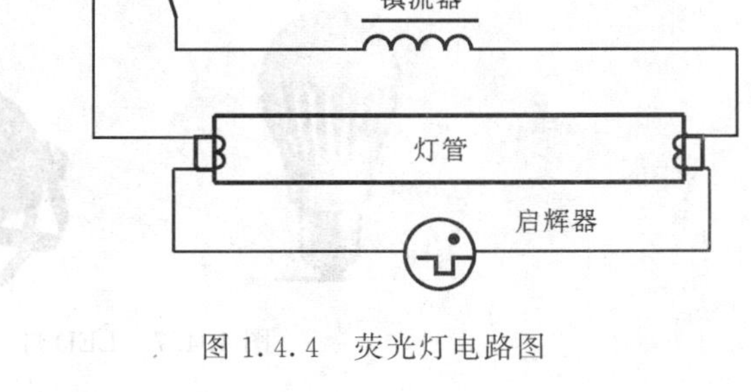

图 1.4.4 荧光灯电路图

3. 节能灯

节能灯又称紧凑型荧光灯，如图 1.4.5 所示，它与普通日光灯一样，属一种低汞蒸气压放电灯。它具有光效高（是普通灯泡的 5 倍），节能效果明显，寿命长，体积小，使用方便等优点。节能灯因灯管外形不同，主要为 U 型管、螺旋管、直管型。

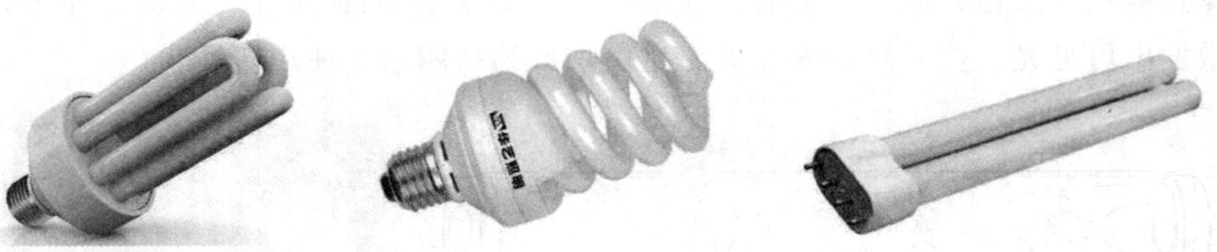

（a）U 型管　　（b）螺旋管　　（c）直管型

图 1.4.5　节能灯

节能灯的镇流器主要以电子式为主，如图 1.4.6（a）所示，具有“镇流”和“高压脉冲”功能。其优点是节能、启动电压较宽、启动时间短（0.5s）、无噪声、无频闪现象，可以在 15～60℃范围内正常工作。采用电子镇流器的荧光灯的接线图，如图 1.4.6（b）所示。

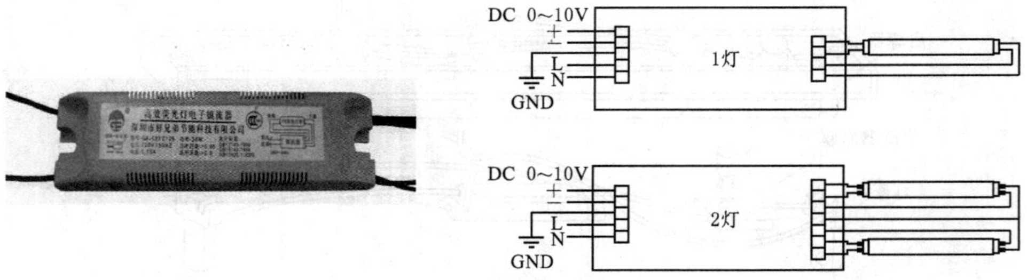

（a）外形　　（b）接线

图 1.4.6　电子镇流器的外形与接线

4. LED 灯

LED 即半导体发光二极管，是一种固态的半导体器件，它可以直接把电转化为光，如图 1.4.7 所示。其特点是光效高、耗电少、寿命长、易控制、安全环保，是新一代固体冷光源。

图 1.4.7　LED 灯

4.2　常见的照明用具及接线与安装

1. 开关、插座、灯座（头）的接线

（1）开关的接线。照明开关是控制灯具的电气元件，起控制照明电灯的亮与灭的作用（即接通或断开照明线路）。开关有明装和暗装之分，现家庭一般是暗装开关，如图1.4.8所示。

（2）插座的接线。根据电源电压的不同，插座可分为三相四孔插座、单相三孔或五孔插座；家庭一般都是单相插座，可根据插座后面的标识，L端接相线，N端接零线，E端接地线。一般插座接线原则是左零右相；单相三孔插座的接线原则是左零右相上接地。如图1.4.9所示的插座接线。注意：根据标准规定，相线（火线）是红色线，零线（中性线）是黑色线，接地线是黄绿双色线。

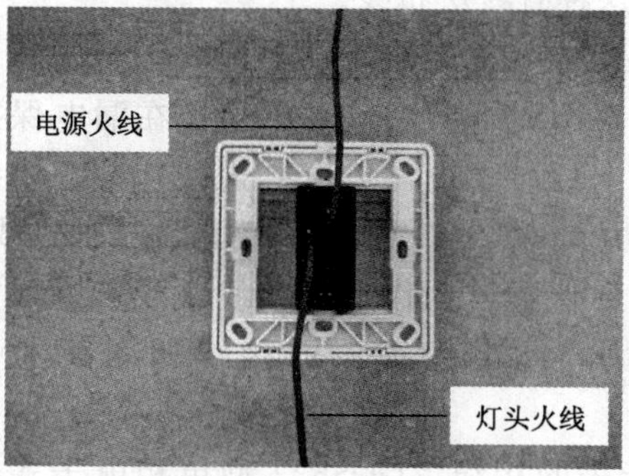

图1.4.8　开关接线

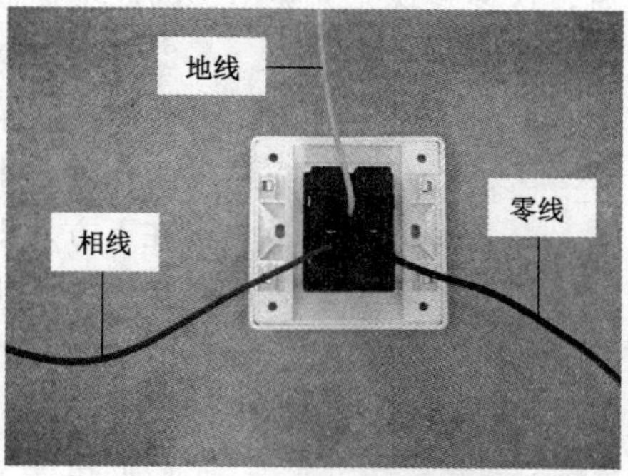

图1.4.9　插座接线

（3）灯座的接线。灯座上有一般两个接线端子，一个为相线端，一个为零线断。在接线时灯座螺口上的接线端子，必须接零线，把来自开关的相线接在连通中心簧片的端子上。接线时应注意线头弯曲的方向与螺丝拧紧的方向相同。

（4）双联双控开关电路的接线。

1）接线要点。

a. 双联线中的一条必须直接连接两个双联双控开关的中间接线端。

b. 双联线中的另一条导线连接两个开关的上接线端（或者下接线端），并且在中间接一条分支线与灯的一端连接，灯的另一端接零线。

c. 两个开关都入火线，而且接于上接线端（或者下接线端），但不能接于中间的接线端。

2）电路的布线特点。

a. 双联专用线中的一条导线，中间引出分支线接于灯的一端。（传统双联双控电路是不允许在双联专用线中引出分支线的）

b. 两个开关都入火线，而且只能接于上接线端（或者下接线端），这就使得灯亮时，两个开关的三个接线端对零线的测量电压都是220V，即试电笔都显示为红色。

3）双联双控开关电路的接线图，如图 1.4.10 所示。

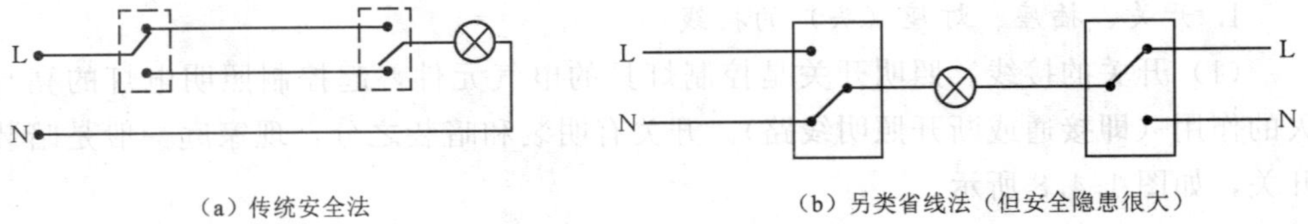

图 1.4.10　双联双控开关电路的接线图

特别提醒，采用省线法，虽然节省些导线，但安全隐患非常大，特别是使用的开关质量不好时，常由于切换接线端时，由于开关分离不彻底，比较容易导致开关内部短路，从而导致整个线路短路，烧毁电表保险丝，如果使用了一段时间之后，这种表现尤为突出。因此不提倡使用这种省线法布线。

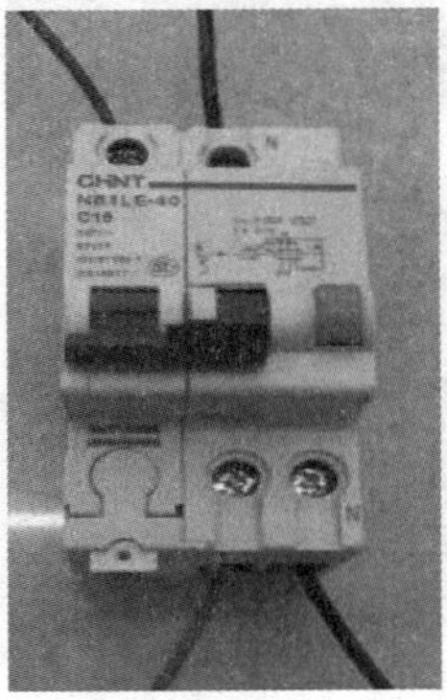

图 1.4.11　漏电保护器的接线

2. 漏电断路器与电子式电能表的接线

(1) 漏电保护器的接线。电源进线必须接在漏电保护器的正上方，即外壳上标有“电源”或“进线”端；出线均接在下方，即标有“负载”或“出线”端。倘若把进线、出线接反了，将会导致保护器动作后烧毁线圈或影响保护器的接通、分断能力。漏电保护器的接线如图 1.4.11 所示。

(2) 电子式电能表的接线。DDS633 型单相电子式电能表接线盒里共有四个接线桩，从左至右按 1、2、3、4 编号。直接接线方法是按编号 1、3 接进线（1 接相线，3 接零线），2、4 接出线（2 接相线，4 接零线），如图 1.4.12 所示。5、6 为脉冲信号输出端子，用户可根据需要接线。注意：在具体接线时，应以电能表接线盒盖内侧的线路图为准。

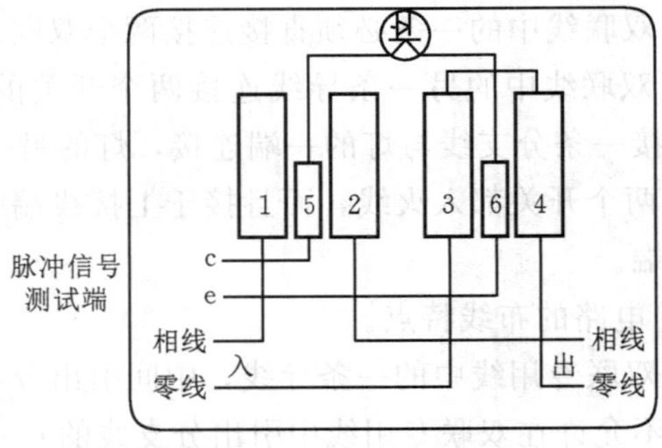

图 1.4.12　DDS633 型单相电子式电能表

3. 开关、插座、灯座（头）的安装

（1）开关、插座、灯座（头）的明装。采用明线安装方式时需要加装木台。在明线敷设完毕后，需要安装开关、插座、挂线盒等处先安装木台。在木质墙上可直接用螺钉固定木台，对于混凝土或砖墙应先钻孔，插入木榫或膨胀管。

在安装木台前先对木台加工：根据要安装的开关、插座等的位置和导线敷设的位置，在木台上钻好出线孔、锯好线槽。然后将导线从木台的线槽进入木台，从出线孔穿出（在木台下留出一定长度余量的导线），再用较长木螺钉将木台固定牢固。

最后将开关、插座、灯座的底座用木螺丝固定在木台上。

（2）开关、插座的暗装。根据开关或插座的尺寸安装暗线盒，如图1.4.13（a）所示，接着按接线要求，将盒内甩出的导线与开关、插座的面板连接好，如图1.4.13（b）所示，将开关或插座推入盒内对正盒眼，用螺丝固定，固定时要保证面板端正。

（a）安装暗线盒

（b）接线

图1.4.13　开关、插座的暗装

（3）吊灯座的安装。把挂线盒底座安装在已固定好的木台上，再将塑料软线或花线的一端穿入挂线盒罩盖的孔内，并打个结，使其能承受吊灯的重量（采用软导线吊装的吊灯重量应小于1kg，否则应采用吊链），然后将两个线头的绝缘层剥去，分别穿入挂线盒底座正中凸起部分的两个侧孔里，再分别接到两个接线桩上，旋上挂线盒盖。接着将软线的另一端穿入吊灯座盖孔内，也打个结，把两个剥去绝缘层的线头接到吊灯座的两个接线桩上，罩上吊灯座盖。

4. 漏电断路器与电子式电能表的安装

（1）漏电保护器的安装。漏电保护器的应安装如图1.4.14所示，具体要求如下：

1）漏电保护器应安装在进户线截面较小的配电盘上或照明配电箱内（图1.4.14）。安装在电度表之后，熔断器之前。

2）所有照明线路导线（包括中性线在内），均必须通过漏电保护器，且中性线必须与地绝缘。

3）应垂直安装，倾斜度不得超过5°。

4）安装漏电保护器后，不能拆除单相闸刀开关或熔断器等。这样一是维修设备时有一个明显的断开点；二是在刀闸或熔断器起着短路或过负荷保护作用。

（2）电能表的应安装。

电能表的应安装如图1.4.15所示，具体要求如下：

图1.4.14　配电盘上的漏电保护器

图1.4.15　电能表的应安装

1）电能表应安装在箱体内或涂有防潮漆的木制底盘、塑料底盘上。

2）为确保电能表的精度，安装时表的位置必须与地面保持垂直，其垂直方向的偏移不大于1°。表箱的下沿离地高度应在1.7～2m之间，暗式表箱下沿离地1.5m左右。

3）单相电能表一般应装在配电盘的左边或上方，而开关应装在右边或下方。与上、下进线间的距离大约为80mm，与其他仪表左右距离大约为60mm。

4）电能表的安装部位，一般应在走廊、门厅、屋檐下，切忌安装在厨房、厕所等潮湿或有腐蚀性气体的地方。现住宅多采用集表箱安装在走廊。

5）电能表的进线出线应使用铜芯绝缘线，线芯截面不得小于1.5mm。接线要牢固，但不可焊接，裸露的线头部分，不可露出接线盒。

6）由供电部门直接收取电费的电能表，一般由其指定部门验表，然后由验表部门在表头盒上封铅封或塑料封，安装完后，再由供电局直接在接线桩头盖上或计量柜门封上铅封或塑料封。未经允许，不得拆掉铅封。

模块 5

家居电气照明线路设计

5.1 室内电气施工图的作用、组成和特点

（1）图纸的作用：说明电气工程的构成和功能，描述电气工程的工作原理，提供安装技术数据和使用维护的依据。

（2）图纸的组成：设计说明、电气系统图、电气平面图、设备布置图、安装接线图、电气原理图、详图等。

（3）图纸的特点：各种装置或设备中的元部件都不按比例绘制它们的外形尺寸，而是用图形符号表示（表 1.5.1），同时用文字符号、安装代号来说明电气装置和线路的安装位置、相互关系和敷设方法。

表 1.5.1　　设备和灯具图形符号

名　称	图形	名　称	图形
变压器		明装单相插座	
低压配电箱		暗装单相插座	
事故照明配电箱	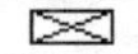	防水单相插座	
照明配电箱		防爆单相插座	
动力配电箱		明装单相带接地保护插座	
电度表		暗装单相带接地保护插座	
三管日光灯		防水单相带接地保护插座	
二管日光灯		防曝单相带接地保护插座	
单管日光灯		明装三相带接地保护插座	
吸顶灯		暗装三相带接地保护插座	
壁灯		防水三相带接地保护插座	
白炽灯		防爆三相带接地保护插座	
应急照明灯		明装单极开关	
出口指示灯		明装双极开关	
断路器	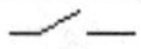	明装三极开关	
熔断器的一般符号	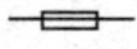	暗装单极开关	
熔断器式开关	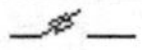	暗装双极开关	
消防警铃	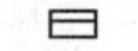	暗装三极开关	
喇叭		拉线开关	

5.2　室内配电线路的表示方法

（1）电气照明线路在平面图中采用线条和文字标注相结合的方法，表示出线路的走向、用途、编号、导线的型号、根数、规格及线路的敷设方式和敷设部位。

（2）线路配线方式及代号（斜线后为英文字母代码）：分为明敷（M）和暗敷（A）。

（3）线路敷设部位及代号见表 1.5.2。

表 1.5.2　　线路敷设部位及代号

部位	代号	部位	代号
地面（板）	D	墙	Q
柱	Z	梁	L
顶棚	P		

（4）导线的类型及代号见表 1.5.3 和表 1.5.4。

表 1.5.3　　导线的类型及代号

类型项目	类型	代号
线芯材料	铜芯导线（一般不标注）	T
	铝芯导线	L
绝缘种类	聚氯乙烯绝缘	V
	橡胶绝缘	X
	氯丁橡胶绝缘	XF
	聚乙烯绝缘	Y
内护套	聚氯乙烯套	V
	聚乙烯套	Y
其他特征	绝缘导线、平行	B
	双绞线	S
	软线	R

表 1.5.4　　常见导线型号

型号	名　称	型号	名　称
BXF（BLXF）	氯丁橡胶绝缘铜（铝）芯线	BVV（BLVV）	铜（铝）芯聚氯乙烯绝缘和护套线
BX（BLX）	橡胶绝缘铜（铝）芯线	RVB	铜芯聚氯乙烯绝缘平行软线
BXR	铜芯橡胶软线	RVS	铜芯聚氯乙烯绝缘绞型软线
BV（BLV）	聚氯乙烯绝缘铜（铝）芯线	RV	铜芯聚氯乙烯绝缘软线
BVR	聚氯乙烯绝缘铜（铝）芯软线	RX、RXS	铜芯、橡胶棉纱编织软线

（5）导线根数的表示方法：只要走向相同，无论导线的根数多少，都可以用一根图线表示一束导线，同时在图线上打上短斜线表示根数；也可以画一根短斜，在旁边标注数字表示根数，所标注的数字不小于3，对于2根导线，可用一条图线表示，不必标注根数。

（6）导线的标注格式：

a	－ b	－ c	× d	－ e	－ f
线路编号	导线型号	导线根数	导线截面积	敷设管径	敷设部位

例：N1－BV－2×2.5＋PE2.5－DG20－QA

其中　N1——导线的回路编号；

BV——导线为聚氯乙烯绝缘铜芯线；

2——导线的根数为2；

2.5——导线的截面积为2.5mm^2；

PE2.5——1根接零保护线，截面积为2.5mm^2；

DG20——穿管为直径为20mm的钢管；

QA——线路沿墙敷设、暗埋。

5.3　照明电器的表示方法

照明电器由光源和灯具组成。

灯具在平面图中采用图形符号表示。在图形符号旁标注文字，说明灯具的名称和功能。

（1）光源的类型及代号见表1.5.5。

表1.5.5　　光源的类型及文字符号

光源种类	字母代号	英文代号
白炽灯	B	IN
荧光灯	Y	FL
卤（碘）钨灯	L	IN
汞灯	G	Hg
钠灯	N	Na
氖灯		Ne
电弧灯		ARC

续表

光源种类	字母代号	英文代号
红外线灯		IR
紫外线灯		UV

(2) 民用灯具的种类及文字符号见表1.5.6。

表1.5.6　　民用灯具的种类及文字符号

灯具种类	吊灯	壁灯	落地灯	吸顶灯	台灯	床头灯	嵌入式顶灯	未列入类
文字符号	D	B	L	X	T	C	Q	W

(3) 照明电器安装方式及代号见表1.5.7。

表1.5.7　　照明电器安装方式及代号

安装方式	拼音代号	英文代号
线吊式	X	CP
链吊式	L	CH
管吊式	G	P
壁吊式	B	W
吸顶式	D	C
吸顶嵌入式	DR	CR
嵌入式	BR	WR

5.4　电力及照明设备的表示方法

电力及照明设备包括配电箱、灯具、开关插座等。表示方法如下：

(1) 电力及照明设备在平面图中采用图形符号表示，并在图形符号旁标注文字，说明设备的名称、规格、数量、安装方式、离地高度等。

(2) 照明灯具的标注格式：

$$a-b\,\frac{c\times d\times l}{e}f$$

其中　a——灯具数量；

b——灯具型号；

c——每盏灯具内的灯泡（灯管）数量；

d——每个灯泡（灯管）的功率；

e——灯具安装高度；

f——安装方式；

l——光源种类（可省略不写）。

例：

$$4-YG-2\frac{2\times40}{2.5}L$$

其中　4——灯具数量；

YG—2——灯具型号；

2——每盏灯具内的灯泡（灯管）数量；

40——每个灯泡（灯管）的功率，W；

2.5——灯具安装高度2.5m；

L——吊链安装方式。

一般来说，室内照明线路的看图顺序是设计说明→系统图→平面图→接线图→原理图等。从设计说明了解工程概况，本图纸所用的图形符号，该工程所需要的设备、材料型号、规格和数量等；然后再看系统图、平面图、接线图和原理图，看图时，平面图和系统图要结合起来看，通过电气平面图找位置，电气系统图找联系；安装接线图与原理图结合起来看，通过安装接线图找接线位置，电气原理图分析工作原理。

任务设计要求如下：

（1）安装图包括照明线路、动力线路、空调线路等（总开关箱引出电源，漏电开关）。

（2）照明灯具包括白炽灯、日光灯、吸顶灯、壁灯等。

（3）家电包括电磁炉、微波炉、电饭锅、电冰箱、洗衣机、电视机、空调、饮水机、电脑、浴霸等。

（4）安装图应正确使用灯具、开关及插座的符号；线路要求横平竖直，火线用红笔画，零线用黑笔画，地线用铅笔画。

（5）安装图应附上说明书。说明书包括设备表（表1.5.8）、照明线路、动力线路、空调线路原理图、各开关、插座的安装高度。

表1.5.8　　　　**设　备　表**

设备名称	型号规格	数量

（6）安装图应含标题栏。标题栏是用以确定图样名称、图号、张次、更改和有关人员签名等内容的栏目，相当于图样的“铭牌”。标题栏的位置一般在图纸的右下方或下方。标题栏中的文字方向为看图方向，会签栏是供各相关专业的设计

人员会审图样时签名和标注日期用。标题栏如图 1.5.1 所示。

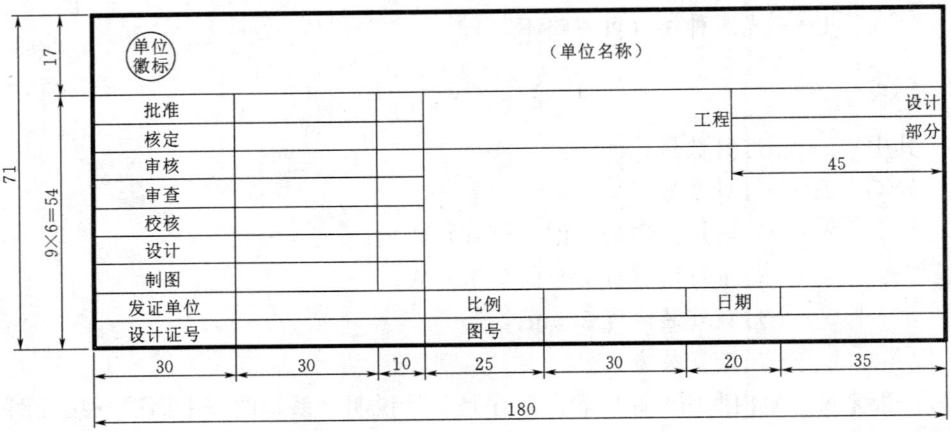

图 1.5.1　标题栏

（7）安装图例，如图 1.5.2 所示。

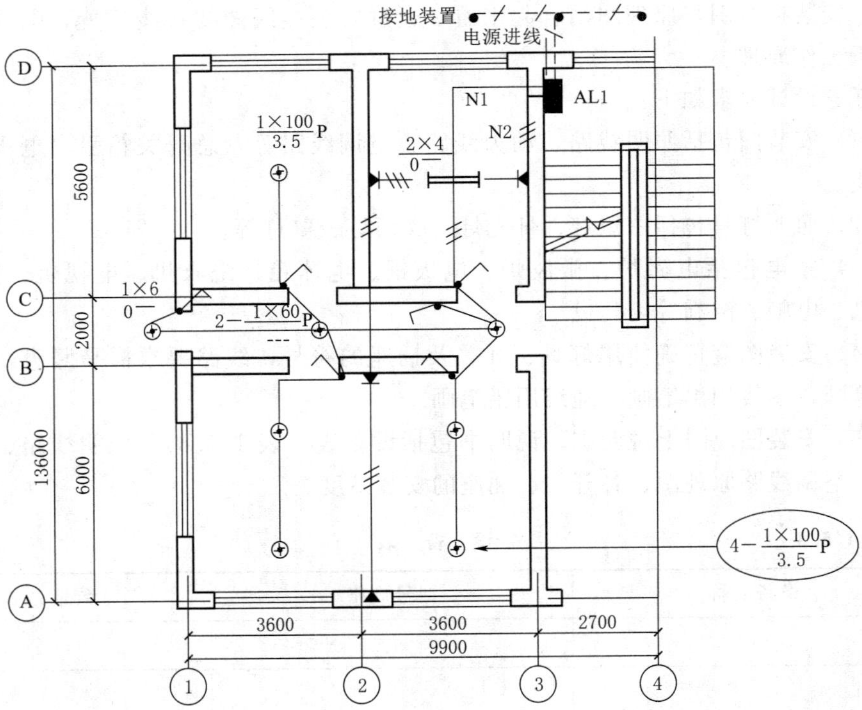

图 1.5.2　安装图

第 2 部分

安装家居照明线路

学习情境 1

安装上下层楼梯间照明线路

案例 1
“中国氢弹之父”
——于敏

案例 2
19 项专利见证
“工匠精神”
——苏彦斌

案例 3
初心不变
守安全
——夏德明

1.0 学习性工作任务单

学习场	安装家居照明线路					
学习情境 1	安装上下层楼梯间照明线路				学时	280 分钟
典型工作过程描述	绘制原理图—设计安装位置—安装线路—检查线路—测试验收线路					
学习目标	1. 能独立敷设两地控制一灯线路。 2. 遵守电气工程施工规范。 3. 树立安全用电意识。					
任务描述	1. 绘制两地控制一白炽灯线路工作原理图、平面布置图和安装接线图。 2. 板上明管敷设两地控制一白炽灯线路。 3. 要求 0.5 天内完成任务。					
学时安排	资讯 30 分钟	计划 40 分钟	决策 25 分钟	实施 125 分钟	检查 35 分钟	评价 25 分钟
对学生的要求	1. 实训前必须熟悉工作任务单和教学引导文。 2. 按时、按步骤完成当天的实训任务。 3. 实训室应保持肃静，组员间沟通讨论应低音交流，不得谈笑喧哗，不许搞其他动作，以免影响他人实训。 4. 实训过程中，不得抄写他人的实训记录，否则，须重做。如有疑问，应向指导教师询问清楚后方可进行。 5. 每天安排值日生负责打扫实训室，保持室内整洁，注意关上电源、门窗。					
参考资料	《房屋建筑制图统一标准》(GB/T 50001—2017) 《建筑电气工程施工质量验收规范》(GB 50303—2015)					

1.1　教学引导文

学习场	安装家居照明线路	学习情境 1	安装上下层楼梯间照明线路	参照系	工作内容：板上明敷设两地控制一灯线路。	
普适性工作过程 / 典型工作过程	资讯	计划	决策	实施	检查	评价
绘制原理图	通过网上查询和小组讨论等，确认实现两地控制一白炽灯线路，需要两个双控开关（双控开关种类：1 开双控、2 开双控、3 开双控）。该安装线路要求板上明管（PVC）敷设，绘制线路工作原理图，确定工作岗位人员，完成 1.1.1.1 绘制原理图的资讯单。	通过小组讨论和咨询专家等，拟定绘制两地控制一灯线路工作原理图的计划，完成 1.1.1.2 绘制原理图的计划单。	从可行性、经济性、可操作性、实施难易程度进行分析、比较、判断各计划的优点与不足，加以评分，选出最优计划。	通过小组讨论，认识 1 开双控开关的结构，画出两地控制一灯线路工作原理图，完成 1.1.1.4 绘制原理图的实施单。	按照 1.1.1.5 绘制原理图的检查单中的检查项目和检查标准，进行学生自查和教师检查。	根据评价子项目配分，进行自评、互评和教师评价，填写 1.2 安装上下层楼梯间照明线路的评价单。
设计安装位置	现场勘察给定板块的尺寸大小，提出开关和灯具可能存在的布局，如采用“开关 1—开关 2—灯具”一字排开布局或“开关 1—灯具—开关 2”一字排开布局等，完成 1.1.2.1 设计安装位置的资讯单。	通过小组讨论等，编制两地控制一灯线路的定位计划，完成 1.1.2.2 设计安装位置的计划单。	从可行性、经济性、可操作性、安全性、实施难易程度进行分析、比较、判断各计划的优点与不足，加以评分，选出最优计划。	现场勘察，小组讨论，画出小组最终确定的两地控制一灯线路板上平面布置图。	按照 1.1.2.5 设计安装位置的检查单中的检查项目和检查标准，进行学生自查和教师检查。	根据评价子项目配分，进行自评、互评和教师评价，填写 1.2 安装上下层楼梯间照明线路的评价单。

续表

学习场	安装家居照明线路	学习情境1	安装上下层楼梯间照明线路	参照系	工作内容：板上明敷设两地控制一灯线路。	
普适性工作过程 典型工作过程	资讯	计划	决策	实施	检查	评价
安装线路	该安装线路要求板上明管（PVC）敷设，根据确定的平面布置图，遵守明敷设“横平竖直”的布线要求，绘制两地控制一灯安装接线图，二维码资源1.1.2为其中六种两地控制一灯安装接线图案例。确定各工作岗位人员，完成1.1.3.1安装线路的资讯单。	通过小组讨论等，编制两地控制一灯线路的安装计划，完成1.1.3.2安装线路的计划单。	从可行性、经济性、可操作性、安全性、实施难易程度进行分析、比较、判断各计划的优点与不足，加以评分，选出最优计划。	根据安装接线图，填写设备材料工具清单，由物料员领取灯具、管线和其他辅料，先固定开关和灯座，再布置和固定PVC管，穿线，连接开关，完成线路安装。	按照1.1.3.5安装线路的检查单中的检查项目和检查标准，进行学生自查和教师检查。	根据评价子项目配分，进行自评、互评和教师评价，填写1.2安装上下层楼梯间照明线路的评价单。
检查线路	万用表欧姆挡可测量线路通断与否。兆欧表可测量绝缘电阻；一般情况下，导线、设备对地绝缘电阻，导线间、设备间、导线与设备间绝缘电阻均大于等于0.5MΩ，满足通电条件。	通过小组讨论等，编制两地控制一灯线路检查计划，完成1.1.4.2检查线路的计划单。	从可行性、经济性、可操作性、安全性、实施难易程度进行分析、比较、判断各计划的优点与不足，加以评分，选出最优计划。	用万用表欧姆挡×1挡，检测安装的线路能否实现两地控制一灯。用兆欧表测量火线对地绝缘电阻、零线对地绝缘电阻和火线与零线间的绝缘电阻。	按照1.1.4.5检查线路的检查单中的检查项目和检查标准，进行学生自查和教师检查。	根据评价子项目配分，进行自评、互评和教师评价，填写1.2安装上下层楼梯间照明线路的评价单。

续表

学习场	安装家居照明线路	学习情境 1	安装上下层楼梯间照明线路	参照系	工作内容：板上明敷设两地控制一灯线路。	
普适性工作过程 / 典型工作过程	资讯	计划	决策	实施	检查	评价
测试验收线路	通过网上查询和小组讨论等，列出安全用电注意事项。教师作为监护人，同学作为操作人，通过交流电源板提供电源，接通两地控制一灯线路，进行测试验收线路。	通过小组讨论等，编制两地控制一灯线路测试验收线路计划，完成 1.1.5.2 测试验收线路的计划单。	从可行性、经济性、可操作性、安全性、实施难易程度进行分析、比较、判断各计划的优点与不足，加以评分，选出最优计划。	首先用万用表交流电压 ACV250V 挡检测电源板电源是否良好。断开电源板刀闸，断开两地控制一灯线路开关，连接电源零线和火线。合上电源刀闸，分别合上两双控开关，进行验收线路测试。测试合格，断开两地控制一灯线路开关，断开电源板刀闸，退出火线和零线，完成测试，填写照明电路验收表（附录 2）。	按照 1.1.5.5 测试验收线路的检查单中的检查项目和检查标准，进行学生自查和教师检查。	根据评价子项目配分，进行自评、互评和教师评价，填写 1.2 安装上下层楼梯间照明线路的评价单。

1.1.1 绘制原理图

1.1.1.1 绘制原理图的资讯单

<table>
<tr><td>学习场</td><td colspan="3">安装家居照明线路</td></tr>
<tr><td>学习情境 1</td><td>安装上下层楼梯间照明线路</td><td>学时</td><td>5 分钟</td></tr>
<tr><td>典型工作步骤 1 描述</td><td colspan="3">经网上查询和小组讨论等，用两个双控开关实现两地控制一白炽灯，在 35 分钟内，正确绘制出线路工作原理图。</td></tr>
<tr><td>搜集资讯的方式</td><td colspan="3">上网查询、小组座谈</td></tr>
<tr><td>资讯描述</td><td colspan="3">家居照明线路安装可分为明敷和暗敷两种。明敷，即导线沿墙壁、天花板表面、桁梁、屋柱等处敷设；明敷设在安装施工和检查维修方面较方便，但室内美观受影响，人能触摸到的地方不安全。暗敷，即导线穿管埋设在墙内、地坪内或顶棚里；暗敷设安装施工要求高，检查和维护困难。
两地控制一灯线路，需要两个 1 开双控开关，火线经过开关，零线不经过开关，要求板上明管敷设，绘制工作原理图，填写岗位分配表（表 2.1.1）。

2.1.1　上下层楼梯间照明线路示意图

表 2.1.1　岗 位 分 配 表
<table>
<tr><td>类别</td><td>岗位</td><td>人数</td><td>姓名</td><td>备　注</td></tr>
<tr><td>班组长</td><td>组长</td><td>1</td><td></td><td>负责小组的组织与管理</td></tr>
<tr><td>设计</td><td>设计员</td><td></td><td></td><td>负责小组照明线路的设计</td></tr>
<tr><td>绘图</td><td>绘图员</td><td></td><td></td><td>负责小组照明线路的绘制</td></tr>
</table>
</td></tr>
<tr><td>对学生的要求</td><td colspan="3">网上查询相关知识，如有疑问，先组内交流，最后向指导教师咨询。</td></tr>
<tr><td>参考资料</td><td colspan="3"></td></tr>
</table>

1.1.1.2　绘制原理图的计划单

<table>
<tr><td>学习场</td><td colspan="4">安装家居照明线路</td></tr>
<tr><td>学习情境1</td><td colspan="2">安装上下层楼梯间照明线路</td><td>学时</td><td>5分钟</td></tr>
<tr><td>典型工作步骤1描述</td><td colspan="4">经网上查询和小组讨论等，用两个双控开关实现两地控制一白炽灯，在35分钟内，正确绘制出线路工作原理图。</td></tr>
<tr><td>计划制订的方式</td><td colspan="4">小组讨论、咨询专家</td></tr>
<tr><td>序号</td><td colspan="2">工作步骤</td><td colspan="2">注意事项</td></tr>
<tr><td>1</td><td colspan="2">准备画图工具。</td><td colspan="2"></td></tr>
<tr><td>2</td><td colspan="2">确定灯和开关图形符号。</td><td colspan="2"></td></tr>
<tr><td>3</td><td colspan="2">确定灯和开关布局，并在纸上画出图形符号。</td><td colspan="2"></td></tr>
<tr><td>4</td><td colspan="2">绘制两地控制一灯线路。</td><td colspan="2">学习两个双控开关实现两地控制一灯的正确接线。</td></tr>
<tr><td>5</td><td colspan="2">小组讨论，定稿，完成两地控制一灯工作原理图绘制。</td><td colspan="2"></td></tr>
</table>

<table>
<tr><td rowspan="3">计划评价</td><td>班级</td><td></td><td>第（　　）组</td><td>组长签字</td><td></td></tr>
<tr><td>教师签字</td><td></td><td>日期</td><td colspan="2"></td></tr>
<tr><td colspan="5">评语：符合制图习惯，能正确、有效地绘制灯具线路工作原理图。</td></tr>
</table>

1.1.1.3 绘制原理图的决策单

<table>
<tr><td>学习场</td><td colspan="6">安装家居照明线路</td></tr>
<tr><td>学习情境 1</td><td colspan="4">安装上下层楼梯间照明线路</td><td>学时</td><td>5 分钟</td></tr>
<tr><td>典型工作步骤 1 描述</td><td colspan="6">经网上查询和小组讨论等，用两个双控开关实现两地控制一白炽灯，在 35 分钟内，正确绘制出线路工作原理图。</td></tr>
<tr><td colspan="7">计 划 对 比</td></tr>
<tr><td>序号</td><td>可行性</td><td>经济性</td><td colspan="2">可操作性</td><td>实施难度</td><td>综合评价</td></tr>
<tr><td>1</td><td></td><td></td><td colspan="2"></td><td></td><td></td></tr>
<tr><td>2</td><td></td><td></td><td colspan="2"></td><td></td><td></td></tr>
<tr><td>3</td><td></td><td></td><td colspan="2"></td><td></td><td></td></tr>
<tr><td>4</td><td></td><td></td><td colspan="2"></td><td></td><td></td></tr>
<tr><td>5</td><td></td><td></td><td colspan="2"></td><td></td><td></td></tr>
<tr><td>6</td><td></td><td></td><td colspan="2"></td><td></td><td></td></tr>
<tr><td>7</td><td></td><td></td><td colspan="2"></td><td></td><td></td></tr>
<tr><td>8</td><td></td><td></td><td colspan="2"></td><td></td><td></td></tr>
<tr><td>9</td><td></td><td></td><td colspan="2"></td><td></td><td></td></tr>
<tr><td>10</td><td></td><td></td><td colspan="2"></td><td></td><td></td></tr>
<tr><td rowspan="3">决策评价</td><td>班级</td><td></td><td colspan="2">第（ ）组</td><td>组长签字</td><td></td></tr>
<tr><td>教师签字</td><td></td><td colspan="2">日期</td><td colspan="2"></td></tr>
<tr><td colspan="6">评语：</td></tr>
</table>

1.1.1.4 绘制原理图的实施单

学习场	安装家居照明线路		
学习情境1	安装上下层楼梯间照明线路	学时	20分钟
典型工作步骤1描述	经网上查询和小组讨论等，用两个双控开关实现两地控制一白炽灯，在35分钟内，正确绘制出线路工作原理图。		

序号	实 施 步 骤	工 作 原 理 图
1	准备画图工具。	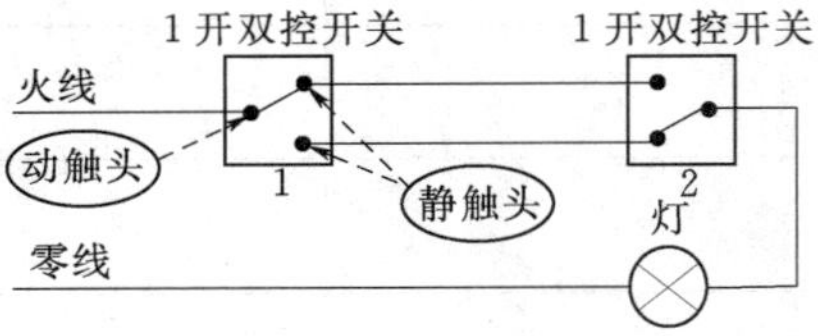 图2.1.1 两地控制一灯原理图
2	确定灯和开关图形符号。	
3	确定灯和开关布局，并在纸上画出图形符号。	
4	绘制两地控制一灯线路。	
5	小组讨论，定稿。	

实施说明：每一个双控开关有1个动触头（与可动连接片相连）和2个静触头。为实现两地控制一灯，两个双控开关的动触头，一个接电源侧的火线，另一个接灯具；两个双控开关的静触头之间两两相连（图2.1.1）。

实施评价	班级		第（ ）组	组长签字	
	教师签字		日期		
	评语：				

1.1.1.5　绘制原理图的检查单

<table>
<tr><td colspan="2">学习场</td><td colspan="4">安装家居照明线路</td></tr>
<tr><td colspan="2">学习情境 1</td><td colspan="2">安装上下层楼梯间照明线路</td><td>学时</td><td>10 分钟</td></tr>
<tr><td colspan="2">典型工作步骤 1 描述</td><td colspan="4">经网上查询和小组讨论等，用两个双控开关实现两地控制一白炽灯，在 35 分钟内，正确绘制出线路工作原理图。</td></tr>
<tr><td>序号</td><td>检查项目</td><td colspan="2">检查标准</td><td>学生自查</td><td>教师检查</td></tr>
<tr><td>1</td><td>1 开双控开关结构</td><td colspan="2">能说出 1 开双控开关由 1 个动触点和 2 个静触点组成。</td><td></td><td></td></tr>
<tr><td>2</td><td>两地控制一灯线路原理图</td><td colspan="2">能画出两地控制一灯线路原理图。</td><td></td><td></td></tr>
<tr><td></td><td></td><td colspan="2"></td><td></td><td></td></tr>
<tr><td></td><td></td><td colspan="2"></td><td></td><td></td></tr>
<tr><td></td><td></td><td colspan="2"></td><td></td><td></td></tr>
<tr><td></td><td></td><td colspan="2"></td><td></td><td></td></tr>
<tr><td></td><td></td><td colspan="2"></td><td></td><td></td></tr>
</table>

<table>
<tr><td rowspan="3">检查评价</td><td>班级</td><td></td><td>第（　　）组</td><td>组长签字</td><td></td></tr>
<tr><td>教师签字</td><td></td><td>日期</td><td colspan="2"></td></tr>
<tr><td colspan="5">评语：</td></tr>
</table>

1.1.2　设计安装位置

1.1.2.1　设计安装位置的资讯单

学习场	安装家居照明线路		
学习情境 1	安装上下层楼梯间照明线路	学时	5 分钟
典型工作步骤 2 描述	现场勘察给定板块的尺寸大小，25 分钟内，用规范的开关和灯具图形符号，绘制两地控制一灯的平面布置图。		
搜集资讯的方式	（学生填）		
资讯描述	（学生填，用简图表示小组提出的所有平面布置图）		
对学生的要求	如有疑问，先组内交流，最后向指导教师咨询。		
参考资料			

1.1.2.2 设计安装位置的计划单

<table>
<tr><td>学习场</td><td colspan="5">安装家居照明线路</td></tr>
<tr><td>学习情境1</td><td colspan="3">安装上下层楼梯间照明线路</td><td>学时</td><td>5分钟</td></tr>
<tr><td>典型工作步骤2描述</td><td colspan="5">现场勘察给定板块的尺寸大小，25分钟内，用规范的开关和灯具图形符号，绘制两地控制一灯的平面布置图。</td></tr>
<tr><td>计划制订的方式</td><td colspan="5">小组讨论、咨询老师</td></tr>
<tr><td>序号</td><td colspan="2">工作步骤</td><td colspan="3">注意事项</td></tr>
<tr><td>1</td><td colspan="2">现场勘察</td><td colspan="3"></td></tr>
<tr><td>2</td><td colspan="2">小组讨论</td><td colspan="3"></td></tr>
<tr><td>3</td><td colspan="2">设计安装位置</td><td colspan="3"></td></tr>
<tr><td></td><td colspan="2"></td><td colspan="3"></td></tr>
<tr><td></td><td colspan="2"></td><td colspan="3"></td></tr>
<tr><td></td><td colspan="2"></td><td colspan="3"></td></tr>
<tr><td></td><td colspan="2"></td><td colspan="3"></td></tr>
<tr><td rowspan="3">计划评价</td><td>班级</td><td></td><td>第（　）组</td><td>组长签字</td><td></td></tr>
<tr><td>教师签字</td><td></td><td>日期</td><td colspan="2"></td></tr>
<tr><td colspan="5">评语：</td></tr>
</table>

1.1.2.3　设计安装位置的决策单

<table>
<tr><td>学习场</td><td colspan="6">安装家居照明线路</td></tr>
<tr><td>学习情境 1</td><td colspan="4">安装上下层楼梯间照明线路</td><td>学时</td><td>5 分钟</td></tr>
<tr><td>典型工作步骤 2 描述</td><td colspan="6">现场勘察给定板块的尺寸大小，25 分钟内，用规范的开关和灯具图形符号，绘制两地控制一灯的平面布置图。</td></tr>
<tr><td colspan="7">计　划　对　比</td></tr>
<tr><td>序号</td><td>可行性</td><td>经济性</td><td>可操作性</td><td>安全性</td><td>实施难度</td><td>综合评价</td></tr>
<tr><td>1</td><td></td><td></td><td></td><td></td><td></td><td></td></tr>
<tr><td>2</td><td></td><td></td><td></td><td></td><td></td><td></td></tr>
<tr><td>3</td><td></td><td></td><td></td><td></td><td></td><td></td></tr>
<tr><td>4</td><td></td><td></td><td></td><td></td><td></td><td></td></tr>
<tr><td>5</td><td></td><td></td><td></td><td></td><td></td><td></td></tr>
<tr><td>6</td><td></td><td></td><td></td><td></td><td></td><td></td></tr>
<tr><td>7</td><td></td><td></td><td></td><td></td><td></td><td></td></tr>
<tr><td>8</td><td></td><td></td><td></td><td></td><td></td><td></td></tr>
<tr><td>9</td><td></td><td></td><td></td><td></td><td></td><td></td></tr>
<tr><td>10</td><td></td><td></td><td></td><td></td><td></td><td></td></tr>
<tr><td rowspan="3">决策评价</td><td>班级</td><td></td><td>第（　　）组</td><td>组长签字</td><td colspan="2"></td></tr>
<tr><td>教师签字</td><td></td><td>日期</td><td colspan="3"></td></tr>
<tr><td colspan="6">评语：</td></tr>
</table>

1.1.2.4　设计安装位置的实施单

学习场	安装家居照明线路		
学习情境 1	安装上下层楼梯间照明线路	学时	10 分钟
典型工作步骤 2 描述	现场勘察给定板块的尺寸大小，25 分钟内，用规范的开关和灯具图形符号，绘制两地控制一灯的平面布置图。		

序号	实 施 步 骤	注 意 事 项
1	现场勘察	
2	小组讨论	
3	设计安装位置	

实施说明：（图 2.1.2 为两地控制一灯线路板上平面布置图参考案例）

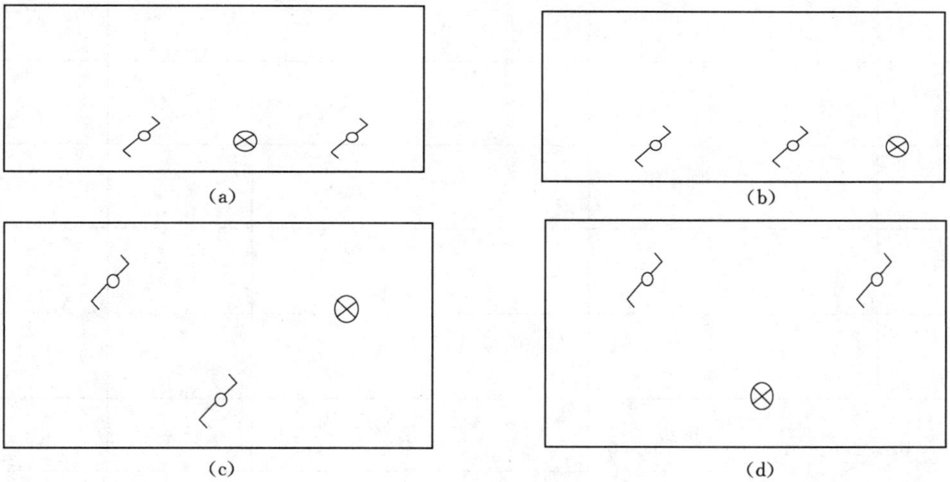

图 2.1.2　两地控制一灯线路板上平面布置图

小组最终确定的两地控制一灯线路板上平面布置图：

实施评价	班级		第（　　）组	组长签字	
	教师签字		日期		
	评语：				

1.1.2.5　设计安装位置的检查单

<table>
<tr><td>学习场</td><td colspan="5">安装家居照明线路</td></tr>
<tr><td>学习情境 1</td><td colspan="3">安装上下层楼梯间照明线路</td><td>学时</td><td>5 分钟</td></tr>
<tr><td>典型工作步骤 2 描述</td><td colspan="5">现场勘察给定板块的尺寸大小，25 分钟内，用规范的开关和灯具图形符号，绘制两地控制一灯的平面布置图。</td></tr>
<tr><td>序号</td><td>检查项目</td><td colspan="2">检查标准</td><td>学生自查</td><td>教师检查</td></tr>
<tr><td>1</td><td>1 开双控开关图形符号</td><td colspan="2">能画出 1 开双控开关图形符号。</td><td></td><td></td></tr>
<tr><td>2</td><td>灯具的一般图形符号</td><td colspan="2">能画出灯具的一般图形符号。</td><td></td><td></td></tr>
<tr><td></td><td></td><td colspan="2"></td><td></td><td></td></tr>
<tr><td></td><td></td><td colspan="2"></td><td></td><td></td></tr>
<tr><td></td><td></td><td colspan="2"></td><td></td><td></td></tr>
<tr><td></td><td></td><td colspan="2"></td><td></td><td></td></tr>
<tr><td></td><td></td><td colspan="2"></td><td></td><td></td></tr>
<tr><td rowspan="3">检查评价</td><td>班级</td><td></td><td>第（　　）组</td><td>组长签字</td><td></td></tr>
<tr><td>教师签字</td><td></td><td>日期</td><td colspan="2"></td></tr>
<tr><td colspan="5">评语：</td></tr>
</table>

1.1.3　安装线路

1.1.3.1　安装线路的资讯单

<table>
<tr><td>学习场</td><td colspan="3">安装家居照明线路</td></tr>
<tr><td>学习情境 1</td><td>安装上下层楼梯间照明线路</td><td>学时</td><td>10 分钟</td></tr>
<tr><td>典型工作步骤 3 描述</td><td colspan="3">遵守明敷设“横平竖直”的布线要求，在板上明管（PVC）安装两地控制一灯线路。</td></tr>
<tr><td>搜集资讯的方式</td><td colspan="3">查阅图书资料、搜索网络、小组座谈等</td></tr>
<tr><td>资讯描述</td><td colspan="3">1. 根据确定的平面布置图，遵守明敷设“横平竖直”的布线要求，绘制两地控制一灯安装接线图。
2.1.2　六种两地控制一灯安装接线图案例
2. 确定各工作岗位人员（表 2.1.2）。
表 2.1.2　岗 位 分 配 表
<table>
<tr><th>类别</th><th>岗位</th><th>人数</th><th>姓名</th><th>备　注</th></tr>
<tr><td>班组长</td><td>组长</td><td>1</td><td></td><td>负责小组的组织与管理</td></tr>
<tr><td>安全</td><td>安全员</td><td>1</td><td></td><td>负责小组实训过程中的相关安全问题的预测与保障</td></tr>
<tr><td>设计</td><td>设计员</td><td>1</td><td></td><td>负责小组照明线路设计及设计说明</td></tr>
<tr><td>施工</td><td>施工员</td><td>1</td><td></td><td>负责小组照明线路的安装</td></tr>
<tr><td>物料</td><td>物料员</td><td>1</td><td></td><td>负责小组施工物料的管理</td></tr>
<tr><td>监理</td><td>监理员</td><td>1</td><td></td><td>负责监察实施步骤执行情况</td></tr>
</table>
（1）设一个班 45 人，分为 8 个小组，每个小组 5～6 人，若人员有浮动可根据实际情况调节人数（可设兼职）。
（2）每个班组按照岗位不同，进行分工协作，共同完成交代任务。
（3）教学过程中，以任务为导向，以团队为基本单元，开展课堂组织与工作实施。
3. 明敷设布线的优点（从美观角度出发，家装推荐采用暗敷设）。
（1）无须在墙上剔槽抹灰。
（2）可反复拆装。
（3）方便增加线路或容量。
（4）方便增加插座和开关。</td></tr>
<tr><td>对学生的要求</td><td colspan="3">如有疑问，先组内交流，最后向指导教师咨询。</td></tr>
<tr><td>参考资料</td><td colspan="3"></td></tr>
</table>

1.1.3.2　安装线路的计划单

<table>
<tr><td colspan="2">学习场</td><td colspan="5">安装家居照明线路</td></tr>
<tr><td colspan="2">学习情境 1</td><td colspan="3">安装上下层楼梯间照明线路</td><td>学时</td><td>10 分钟</td></tr>
<tr><td colspan="2">典型工作步骤 3 描述</td><td colspan="5">遵守明敷设“横平竖直”的布线要求，在板上明管（PVC）安装两地控制一灯线路。</td></tr>
<tr><td colspan="2">计划制订的方式</td><td colspan="5">小组讨论</td></tr>
<tr><td>序号</td><td colspan="3">工 作 步 骤</td><td colspan="3">注 意 事 项</td></tr>
<tr><td>1</td><td colspan="3">确定安装接线图。</td><td colspan="3"></td></tr>
<tr><td>2</td><td colspan="3">准备剥线钳、电工刀、螺丝批、钢直尺等安装工器具。</td><td colspan="3"></td></tr>
<tr><td>3</td><td colspan="3">填写设备材料工具清单。</td><td colspan="3"></td></tr>
<tr><td>4</td><td colspan="3">物料员领取灯具、管线和其他辅料。</td><td colspan="3"></td></tr>
<tr><td>5</td><td colspan="3">检查设备是否完好。</td><td colspan="3">设备破损须报告指导教师，并填写设备损坏登记簿。</td></tr>
<tr><td>6</td><td colspan="3">按平面布置图固定 2 个双控开关和灯具底盒。</td><td colspan="3"></td></tr>
<tr><td>7</td><td colspan="3">根据安装接线图，布置和固定 PVC 线管。</td><td colspan="3"></td></tr>
<tr><td>8</td><td colspan="3">导线穿管。</td><td colspan="3"></td></tr>
<tr><td>9</td><td colspan="3">导线接入开关。</td><td colspan="3"></td></tr>
<tr><td>10</td><td colspan="3">清洁整理工作现场。</td><td colspan="3"></td></tr>
<tr><td colspan="2" rowspan="3">计划评价</td><td>班级</td><td></td><td>第（　）组</td><td>组长签字</td><td></td></tr>
<tr><td>教师签字</td><td></td><td>日期</td><td colspan="2"></td></tr>
<tr><td colspan="5">评语：</td></tr>
</table>

1.1.3.3　安装线路的决策单

<table>
<tr><td colspan="2">学习场</td><td colspan="5">安装家居照明线路</td></tr>
<tr><td colspan="2">学习情境 1</td><td colspan="3">安装上下层楼梯间照明线路</td><td>学时</td><td>5 分钟</td></tr>
<tr><td colspan="2">典型工作步骤 3 描述</td><td colspan="5">遵守明敷设“横平竖直”的布线要求，在板上明管（PVC）安装两地控制一灯线路。</td></tr>
<tr><td colspan="7">计　划　对　比</td></tr>
<tr><td>序号</td><td>可行性</td><td>经济性</td><td>可操作性</td><td>安全性</td><td>实施难度</td><td>综合评价</td></tr>
<tr><td>1</td><td></td><td></td><td></td><td></td><td></td><td></td></tr>
<tr><td>2</td><td></td><td></td><td></td><td></td><td></td><td></td></tr>
<tr><td>3</td><td></td><td></td><td></td><td></td><td></td><td></td></tr>
<tr><td>4</td><td></td><td></td><td></td><td></td><td></td><td></td></tr>
<tr><td>5</td><td></td><td></td><td></td><td></td><td></td><td></td></tr>
<tr><td>6</td><td></td><td></td><td></td><td></td><td></td><td></td></tr>
<tr><td>7</td><td></td><td></td><td></td><td></td><td></td><td></td></tr>
<tr><td>8</td><td></td><td></td><td></td><td></td><td></td><td></td></tr>
<tr><td>9</td><td></td><td></td><td></td><td></td><td></td><td></td></tr>
<tr><td>10</td><td></td><td></td><td></td><td></td><td></td><td></td></tr>
<tr><td colspan="2" rowspan="3">决策评价</td><td>班级</td><td></td><td>第（　　）组</td><td>组长签字</td><td></td></tr>
<tr><td>教师签字</td><td></td><td>日期</td><td colspan="2"></td></tr>
<tr><td colspan="5">评语：</td></tr>
</table>

1.1.3.4 安装线路的实施单

<table>
<tr><td>学习场</td><td colspan="4">安装家居照明线路</td></tr>
<tr><td>学习情境 1</td><td colspan="2">安装上下层楼梯间照明线路</td><td>学时</td><td>40 分钟</td></tr>
<tr><td>典型工作步骤 3 描述</td><td colspan="4">遵守明敷设“横平竖直”的布线要求，在板上明管（PVC）安装两地控制一灯线路。</td></tr>
<tr><td>序号</td><td>实 施 步 骤</td><td colspan="3">注 意 事 项</td></tr>
<tr><td>1</td><td>确定安装接线图。</td><td colspan="3"></td></tr>
<tr><td>2</td><td>准备剥线钳、电工刀、螺丝批、钢直尺。</td><td colspan="3"></td></tr>
<tr><td>3</td><td>填写设备材料工具清单。</td><td colspan="3"></td></tr>
<tr><td>4</td><td>物料员领取灯具、管线和其他辅料。</td><td colspan="3">根据设备材料清单领取。</td></tr>
<tr><td>5</td><td>检查设备是否完好。</td><td colspan="3">设备破损须报告指导教师，并填写设备损坏登记簿。</td></tr>
<tr><td>6</td><td>按平面布置图固定 2 个双控开关和灯具底盒。</td><td colspan="3"></td></tr>
<tr><td>7</td><td>根据安装接线图，布置和固定 PVC 线管。</td><td colspan="3" rowspan="4">2.1.3 导线的连接</td></tr>
<tr><td>8</td><td>导线穿管。</td></tr>
<tr><td>9</td><td>导线接入开关。</td></tr>
<tr><td>10</td><td>清洁整理工作现场。</td></tr>
<tr><td colspan="5">实施说明：导线接入开关时，电源侧的火线与一个双控开关动触头压接，另一个双控开关的动触头与灯具火线接线端子连接，两个双控开关的静触头两两相接。</td></tr>
</table>

<table>
<tr><td rowspan="3">实施评价</td><td>班级</td><td></td><td>第（ ）组</td><td>组长签字</td><td></td></tr>
<tr><td>教师签字</td><td></td><td>日期</td><td colspan="2"></td></tr>
<tr><td colspan="5">评语：</td></tr>
</table>

1.1.3.5　安装线路的检查单

<table>
<tr><td colspan="2">学习场</td><td colspan="4">安装家居照明线路</td></tr>
<tr><td colspan="2">学习情境 1</td><td colspan="2">安装上下层楼梯间照明线路</td><td>学时</td><td>5 分钟</td></tr>
<tr><td colspan="2">典型工作步骤 3 描述</td><td colspan="4">遵守明敷设“横平竖直”的布线要求，在板上明管（PVC）安装两地控制一灯线路。</td></tr>
<tr><td>序号</td><td>检 查 项 目</td><td colspan="2">检 查 标 准</td><td>学生自查</td><td>教师检查</td></tr>
<tr><td>1</td><td>两地控制一灯线路</td><td colspan="2">能根据两地控制一灯安装线路，指出火线和零线走向。</td><td></td><td></td></tr>
<tr><td></td><td></td><td colspan="2"></td><td></td><td></td></tr>
<tr><td></td><td></td><td colspan="2"></td><td></td><td></td></tr>
<tr><td></td><td></td><td colspan="2"></td><td></td><td></td></tr>
<tr><td></td><td></td><td colspan="2"></td><td></td><td></td></tr>
<tr><td></td><td></td><td colspan="2"></td><td></td><td></td></tr>
<tr><td></td><td></td><td colspan="2"></td><td></td><td></td></tr>
<tr><td rowspan="3">检查评价</td><td>班级</td><td></td><td>第（　）组</td><td>组长签字</td><td></td></tr>
<tr><td>教师签字</td><td></td><td>日期</td><td colspan="2"></td></tr>
<tr><td colspan="5">评语：</td></tr>
</table>

1.1.4　检查线路

1.1.4.1　检查线路的资讯单

学习场	安装家居照明线路		
学习情境 1	安装上下层楼梯间照明线路	学时	5 分钟
典型工作步骤 4 描述	用万用表欧姆挡检查线路能否实现两地控制一灯。用兆欧表测量绝缘电阻，检查导线和设备对地绝缘电阻，以及导线间、设备间、导线与设备间绝缘电阻是否大于等于 0.5MΩ，满足通电条件。		
搜集资讯的方式	（学生填写）		
资讯描述	（学生填写）		
对学生的要求			
参考资料			

1.1.4.2 检查线路的计划单

<table>
<tr><td>学习场</td><td colspan="4">安装家居照明线路</td></tr>
<tr><td>学习情境 1</td><td colspan="2">安装上下层楼梯间照明线路</td><td>学时</td><td>10 分钟</td></tr>
<tr><td>典型工作步骤 4 描述</td><td colspan="4">用万用表欧姆挡检查线路能否实现两地控制一灯。用兆欧表测量绝缘电阻，检查导线和设备对地绝缘电阻，以及导线间、设备间、导线与设备间绝缘电阻是否大于等于 0.5MΩ，满足通电条件。</td></tr>
<tr><td>计划制订的方式</td><td colspan="4">小组讨论</td></tr>
<tr><td>序号</td><td colspan="2">工 作 步 骤</td><td colspan="2">工 作 描 述</td></tr>
<tr><td colspan="5">检查线路是否满足设计要求：</td></tr>
<tr><td>1</td><td colspan="2">短接灯具底座处的火线和零线。</td><td colspan="2"></td></tr>
<tr><td>2</td><td colspan="2">将万用表转换开关旋至欧姆挡×1 挡，进行欧姆调零。</td><td colspan="2"></td></tr>
<tr><td>3</td><td colspan="2">万用表红、黑表笔分别接至线路电源端火线和零线线芯，拨动双控开关，使线路断开。</td><td colspan="2">以使用指针式万用表为例：线路断开时，观察万用表指针，指针指示“∞”。</td></tr>
<tr><td>4</td><td colspan="2">合上任意一个双控开关，观察万用表。</td><td colspan="2">合上任意一个双控开关后，指针均指示“0”。</td></tr>
<tr><td>5</td><td colspan="2">再断开任意一个双控开关，观察万用表。</td><td colspan="2">再断开任意一个开关，指针又指示“∞”，则线路满足设计要求。</td></tr>
<tr><td>6</td><td colspan="2">线路实现设计要求，将万用表转换开关旋至“off”挡或交流电压最大挡位。若线路不能实现设计要求，则进一步检查线路，排除故障。</td><td colspan="2"></td></tr>
<tr><td colspan="5">进行线路绝缘电阻测试（线路已满足设计要求）：</td></tr>
<tr><td>1</td><td colspan="2">断开灯具底座处的火线和零线，安装灯具。</td><td colspan="2"></td></tr>
<tr><td>2</td><td colspan="2">申请借用兆欧表。</td><td colspan="2"></td></tr>
</table>

续表

<table>
<tr><th>序号</th><th>工 作 步 骤</th><th>工 作 描 述</th></tr>
<tr><td colspan="3">进行线路绝缘电阻测试（线路已满足设计要求）：</td></tr>
<tr><td>3</td><td>用兆欧表进行开路和短路试验。</td><td>检查兆欧表是否良好。</td></tr>
<tr><td>4</td><td>合上双控开关。</td><td></td></tr>
<tr><td>5</td><td>兆欧表“L”端子接火线线芯，“E”端子接冲孔板，测量火线对地绝缘电阻。</td><td rowspan="4">顺时针由慢而快转动兆欧表手柄，转速达 120r/min 左右时，保持匀速转动，1 分钟后边摇边读数，绝缘电阻大于等于 0.5MΩ 时为合格。测量完毕，边慢摇边拆线，然后将被测设备放电。兆欧表未停止转动之前或被测设备未放电之前，严禁用手触及。拆线时，也不要触及导线金属部分。</td></tr>
<tr><td>6</td><td>兆欧表“L”端子接零线线芯，“E”端子接冲孔板，测量零线对地绝缘电阻。</td></tr>
<tr><td>7</td><td>兆欧表“L”端子接火线线芯，“E”端子接零线线芯，测量火线与零线间的绝缘电阻。</td></tr>
<tr><td>8</td><td>所有绝缘电阻均大于等于 0.5MΩ，线路满足通电条件，将兆欧表放回原位。</td></tr>
</table>

<table>
<tr><td rowspan="3">计划评价</td><td>班级</td><td></td><td>第（　　）组</td><td>组长签字</td><td></td></tr>
<tr><td>教师签字</td><td></td><td>日期</td><td colspan="2"></td></tr>
<tr><td colspan="5">评语：</td></tr>
</table>

1.1.4.3　检查线路的决策单

<table>
<tr><td>学习场</td><td colspan="6">安装家居照明线路</td></tr>
<tr><td>学习情境 1</td><td colspan="4">安装上下层楼梯间照明线路</td><td>学时</td><td>5 分钟</td></tr>
<tr><td>典型工作步骤 4 描述</td><td colspan="6">用万用表欧姆挡检查线路能否实现两地控制一灯。用兆欧表测量绝缘电阻，检查导线和设备对地绝缘电阻，以及导线间、设备间、导线与设备间绝缘电阻是否大于等于 0.5MΩ，满足通电条件。</td></tr>
<tr><td colspan="7">计　划　对　比</td></tr>
<tr><td>序号</td><td>可行性</td><td>经济性</td><td>可操作性</td><td>安全性</td><td>实施难度</td><td>综合评价</td></tr>
<tr><td>1</td><td></td><td></td><td></td><td></td><td></td><td></td></tr>
<tr><td>2</td><td></td><td></td><td></td><td></td><td></td><td></td></tr>
<tr><td>3</td><td></td><td></td><td></td><td></td><td></td><td></td></tr>
<tr><td>4</td><td></td><td></td><td></td><td></td><td></td><td></td></tr>
<tr><td>5</td><td></td><td></td><td></td><td></td><td></td><td></td></tr>
<tr><td>6</td><td></td><td></td><td></td><td></td><td></td><td></td></tr>
<tr><td>7</td><td></td><td></td><td></td><td></td><td></td><td></td></tr>
<tr><td>8</td><td></td><td></td><td></td><td></td><td></td><td></td></tr>
<tr><td>9</td><td></td><td></td><td></td><td></td><td></td><td></td></tr>
<tr><td>10</td><td></td><td></td><td></td><td></td><td></td><td></td></tr>
<tr><td rowspan="3">决策评价</td><td>班级</td><td></td><td>第（　　）组</td><td>组长签字</td><td colspan="2"></td></tr>
<tr><td>教师签字</td><td></td><td>日期</td><td colspan="3"></td></tr>
<tr><td colspan="6">评语：</td></tr>
</table>

1.1.4.4　检查线路的实施单

<table>
<tr><td>学习场</td><td colspan="3">安装家居照明线路</td></tr>
<tr><td>学习情境 1</td><td>安装上下层楼梯间照明线路</td><td>学时</td><td>40 分钟</td></tr>
<tr><td>典型工作步骤 4 描述</td><td colspan="3">用万用表欧姆挡检查线路能否实现两地控制一灯。用兆欧表测量绝缘电阻，检查导线和设备对地绝缘电阻，以及导线间、设备间、导线与设备间绝缘电阻是否大于等于 0.5MΩ，满足通电条件。</td></tr>
</table>

<table>
<tr><td>序号</td><td>实 施 步 骤</td><td>注 意 事 项</td></tr>
<tr><td colspan="3">检查线路是否满足设计要求：</td></tr>
<tr><td></td><td></td><td></td></tr>
<tr><td></td><td></td><td></td></tr>
<tr><td></td><td></td><td></td></tr>
<tr><td></td><td></td><td></td></tr>
<tr><td></td><td></td><td></td></tr>
<tr><td colspan="3">进行线路绝缘电阻测试（线路已满足设计要求）：</td></tr>
<tr><td></td><td></td><td></td></tr>
<tr><td></td><td></td><td></td></tr>
<tr><td></td><td></td><td></td></tr>
<tr><td></td><td></td><td></td></tr>
<tr><td></td><td></td><td></td></tr>
<tr><td colspan="3">实施说明：</td></tr>
</table>

<table>
<tr><td rowspan="3">实施评价</td><td>班级</td><td></td><td>第（　　）组</td><td>组长签字</td><td></td></tr>
<tr><td>教师签字</td><td></td><td>日期</td><td colspan="2"></td></tr>
<tr><td colspan="5">评语：</td></tr>
</table>

1.1.4.5 检查线路的检查单

<table>
<tr><td colspan="2">学习场</td><td colspan="4">安装家居照明线路</td></tr>
<tr><td colspan="2">学习情境 1</td><td colspan="2">安装上下层楼梯间照明线路</td><td>学时</td><td>10 分钟</td></tr>
<tr><td colspan="2">典型工作步骤 4 描述</td><td colspan="4">用万用表欧姆挡检查线路能否实现两地控制一灯。用兆欧表测量绝缘电阻，检查导线和设备对地绝缘电阻，以及导线间、设备间、导线与设备间绝缘电阻是否大于等于 0.5MΩ，满足通电条件。</td></tr>
<tr><td>序号</td><td>检查项目</td><td colspan="2">检查标准</td><td>学生自查</td><td>教师检查</td></tr>
<tr><td>1</td><td>万用表检查线路</td><td colspan="2">会用万用表欧姆挡检查两地控制一灯线路是否满足设计要求。</td><td></td><td></td></tr>
<tr><td>2</td><td>兆欧表测量绝缘电阻</td><td colspan="2">会用兆欧表测量火线对地、零线对地和火线零线之间的绝缘电阻。</td><td></td><td></td></tr>
<tr><td>3</td><td>绝缘电阻合格的标准</td><td colspan="2">绝缘电阻≥0.5MΩ。</td><td></td><td></td></tr>
<tr><td></td><td></td><td colspan="2"></td><td></td><td></td></tr>
<tr><td></td><td></td><td colspan="2"></td><td></td><td></td></tr>
<tr><td></td><td></td><td colspan="2"></td><td></td><td></td></tr>
<tr><td colspan="2" rowspan="3">检查评价</td><td>班级</td><td>第（　）组</td><td>组长签字</td><td></td></tr>
<tr><td>教师签字</td><td></td><td>日期</td><td></td></tr>
<tr><td colspan="4">评语：</td></tr>
</table>

1.1.5　测试验收线路

1.1.5.1　测试验收线路的资讯单

学习场	安装家居照明线路		
学习情境 1	安装上下层楼梯间照明线路	学时	5 分钟
典型工作步骤 5 描述	用交流电源板提供电源，教师监护，学生操作，测试验收两地控制一灯线路。		
搜集资讯的方式	（学生填写）		
资讯描述	1. 安全用电注意事项。 不用手或导电物去接触、探试电源插座内部，不触摸没有绝缘的线头，发现有裸露的线头要及时处理。 任何电气设备在未验明无电之前，一律认为有电，不要盲目接触。 使用电器时，先插电源插头，后开电器开关。使用完毕后，先断电器开关，后拔电源插头。 不随意拆卸、安装电源线路、插座、插头等。安装灯泡等简单的事情，也要先关断电源。 停电后必须切断电源总开关。 如果发生冒烟、冒火花、发出奇怪的响声，或导线外表过热，甚至烧焦产生刺鼻的怪味，应马上切断电源，然后检查用电器和电路。 发现有人触电时，要设法及时切断电源；或者用干燥的木棍等将触电者与带电的电器分开，切忌直接用手救人；儿童应呼喊成年人相助，不要自己处理，以防触电。 当用电器或电路起火时，一定要保持头脑冷静，首先尽快切断电源，或者将室内的电路总闸关掉，然后用专用灭火器对准着火处喷射。如果身边没有专用灭火器，在断电的前提下，可用常规的方式将火扑灭；如果电源没有切断，切忌不能用水或者潮湿的东西去灭火，避免引发触电事故。 2. 教师作为监护人，同学作为操作人，通过交流电源板提供电源，接通两地控制一灯线路，进行验收线路测试，填写照明电路验收表（附录 2）。 2.1.4　寝室用电注意事项		
对学生的要求	如有疑问，先组内交流，最后向指导教师咨询。		
参考资料			

1.1.5.2　测试验收线路的计划单

<table>
<tr><td>学习场</td><td colspan="6">安装家居照明线路</td></tr>
<tr><td>学习情境 1</td><td colspan="4">安装上下层楼梯间照明线路</td><td>学时</td><td>10 分钟</td></tr>
<tr><td>典型工作步骤 5 描述</td><td colspan="6">用交流电源板提供电源，教师监护，学生操作，测试验收两地控制一灯线路。</td></tr>
<tr><td>计划制订的方式</td><td colspan="6">小组讨论</td></tr>
<tr><td>序号</td><td colspan="2">工 作 步 骤</td><td colspan="4">具体工作内容或作用</td></tr>
<tr><td>1</td><td colspan="2"></td><td colspan="4"></td></tr>
<tr><td>2</td><td colspan="2"></td><td colspan="4"></td></tr>
<tr><td>3</td><td colspan="2"></td><td colspan="4"></td></tr>
<tr><td>4</td><td colspan="2"></td><td colspan="4"></td></tr>
<tr><td>5</td><td colspan="2"></td><td colspan="4"></td></tr>
<tr><td>6</td><td colspan="2"></td><td colspan="4"></td></tr>
<tr><td>7</td><td colspan="2"></td><td colspan="4"></td></tr>
<tr><td>8</td><td colspan="2"></td><td colspan="4"></td></tr>
<tr><td>9</td><td colspan="2"></td><td colspan="4"></td></tr>
<tr><td>10</td><td colspan="2"></td><td colspan="4"></td></tr>
<tr><td rowspan="3">计划评价</td><td>班级</td><td></td><td>第（　）组</td><td>组长签字</td><td colspan="2"></td></tr>
<tr><td>教师签字</td><td></td><td>日期</td><td colspan="3"></td></tr>
<tr><td colspan="6">评语：</td></tr>
</table>

1.1.5.3　测试验收线路的决策单

学习场	安装家居照明线路					
学习情境 1	安装上下层楼梯间照明线路				学时	5 分钟
典型工作步骤 5 描述	用交流电源板提供电源，教师监护，学生操作，测试验收两地控制一灯线路。					
计　划　对　比						
序号	可行性	经济性	可操作性	安全性	实施难度	综合评价
1						
2						
3						
4						
5						
6						
7						
8						
9						
10						
决策评价	班级		第（　　）组	组长签字		
	教师签字		日期			
	评语：					

1.1.5.4　测试验收线路的实施单

学习场	安装家居照明线路		
学习情境 1	安装上下层楼梯间照明线路	学时	15 分钟
典型工作步骤 5 描述	用交流电源板提供电源，教师监护，学生操作，测试验收两地控制一灯线路。		

序号	实 施 步 骤	具体工作内容或作用
1	检测电源。	将万用表转换开关拨至交流电压 ACV250V 挡，合上电源板刀闸，万用表红表笔点电源板红色输出端子（“＋”极），黑表笔点电源板黑色输出端子（“－”极），万用表指示电压为 220V 左右，表示电源电压正常，可接负荷。
2	断开电源。	断开电源板刀闸。确保两地控制一灯线路连接电源时，不带电操作，养成良好的安全用电习惯。
3	断开两地控制一灯线路开关。	防止带负荷合闸，养成良好的安全用电习惯。
4	连接零线。	两地控制一灯线路零线与电源黑色输出端子连接。
5	连接火线。	两地控制一灯线路火线与电源红色输出端子连接。
6	合上电源。	合上电源板刀闸。
7	合上开关。	依次合上线路上的双控开关，能实现两地控制一灯，通电试验成功。
8	断开开关。	断开线路上任意 1 个双控开关，灯灭，防止带负荷拉闸，养成良好的安全用电习惯。
9	断开电源。	断开电源板刀闸。确保拆除线路电源线时，不带电操作，养成良好的安全用电习惯。
10	拆除火线。	拆除两地控制一灯线路火线与电源红色输出端子的连线。
11	拆除零线。	拆除两地控制一灯线路零线与电源黑色输出端子的连线。

续表

序号	实 施 步 骤	具体工作内容或作用
12	测试验收线路结束。	填写照明电路验收表（附录 2)。
13	拆除板上两地控制一灯线路。	拆除过程中要注意安全，避免操作人员受伤；不要用力过猛，防止损坏灯具、开关、管线和板材等。
14	整理恢复灯具及开关。	注意找齐灯具、开关的连接螺丝、固定螺钉。
15	将所有实训设备材料归位，整齐摆放。	

实施说明：（教师可根据实训现场条件进一步调整、完善具体实施步骤）

<table>
<tr><td rowspan="3">实施评价</td><td>班级</td><td></td><td>第（　　）组</td><td>组长签字</td><td></td></tr>
<tr><td>教师签字</td><td></td><td>日期</td><td colspan="2"></td></tr>
<tr><td colspan="5">评语：</td></tr>
</table>

1.1.5.5　测试验收线路的检查单

学习场	安装家居照明线路			
学习情境 1	安装上下层楼梯间照明线路		学时	5 分钟
典型工作步骤 5 描述	用交流电源板提供电源，教师监护，学生操作，测试验收两地控制一灯线路。			

序号	检 查 项 目	检 查 标 准	学生自查	教师检查
1	安全用电常识	能说出 3～5 点安全用电常识。		
2	检测电源	会用万用表交流电压挡测量电源电压。		
3	测试验收线路操作过程	能正确操作通电过程。		

检查评价	班级		第（　　）组	组长签字	
	教师签字		日期		
	评语：				

1.2　安装上下层楼梯间照明线路的评价单

<table>
<tr><td>学习场</td><td colspan="5">安装家居照明线路</td></tr>
<tr><td>学习情境 1</td><td colspan="3">安装上下层楼梯间照明线路</td><td>学时</td><td>280 分钟</td></tr>
<tr><td>典型工作过程描述</td><td colspan="5">绘制原理图—设计安装位置—安装线路—检查线路—测试验收线路</td></tr>
<tr><td>评价项目</td><td colspan="2">评价子项目配分</td><td>学生自评</td><td>组内评价</td><td>教师评价</td></tr>
<tr><td>绘制原理图
（10 分）</td><td colspan="2">1. 资讯 2 分；2. 计划 2 分；3. 决策 1 分；4. 实施 3 分；5. 检查 1 分；6. 评价 1 分。</td><td></td><td></td><td></td></tr>
<tr><td>设计安装位置
（10 分）</td><td colspan="2">1. 资讯 2 分；2. 计划 2 分；3. 决策 1 分；4. 实施 3 分；5. 检查 1 分；6. 评价 1 分。</td><td></td><td></td><td></td></tr>
<tr><td>安装线路
（35 分）</td><td colspan="2">1. 资讯 5 分；2. 计划 5 分；3. 决策 5 分；4. 实施 10 分；5. 检查 5 分；6. 评价 5 分。</td><td></td><td></td><td></td></tr>
<tr><td>检查线路
（26 分）</td><td colspan="2">1. 资讯 2 分；2. 计划 4 分；3. 决策 2 分；4. 实施 10 分；5. 检查 6 分；6. 评价 2 分。</td><td></td><td></td><td></td></tr>
<tr><td>测试验收线路
（19 分）</td><td colspan="2">1. 资讯 2 分；2. 计划 5 分；3. 决策 2 分；4. 实施 6 分；5. 检查 2 分；6. 评价 2 分。</td><td></td><td></td><td></td></tr>
<tr><td>成绩
（学生签名：　）</td><td colspan="2">1. 资讯 13 分；2. 计划 18 分；3. 决策 11 分；4. 实施 32 分；5. 检查 15 分；6. 评价 11 分。</td><td></td><td></td><td></td></tr>
<tr><td rowspan="3">评价的评价</td><td>班级</td><td></td><td>第（　　）组</td><td>组长签字</td><td></td></tr>
<tr><td>教师签字</td><td></td><td>日期</td><td colspan="2"></td></tr>
<tr><td colspan="5">评语：</td></tr>
</table>

1.3 材料工具清单

学习场	安装家居照明线路				
学习情境1	安装上下层楼梯间照明线路		学时	280分钟	
典型工作过程描述	绘制原理图—设计安装位置—安装线路—检查线路—测试验收线路				
序号	名　称	作　用	数量	型号规格	使用者
1	日光灯	照明		T5 LED普通直管	
2	BLV线	导线		直径2.5mm（红色、蓝色、黄绿双色）	
3	1开双控开关	控制灯具接通或断开电源		86面板，家装类明装	
4	开关底盒	固定开关		86面板，家装类明装	
5	卡扣	固定底盒		定制，松菱电气	
6	螺丝	固定底盒		固定螺丝	
7	PVC管	布线		直径20mm	
8	PVC直通管接头	两根PVC管之间“一”字连接		直径20mm	
9	PVC 90°两通直角弯管	两根PVC管之间直角连接		直径20mm	
10	电工工具	安装线路		1. 大、小十字螺丝刀一把。 2. 大、小一字螺丝刀一把。 3. 四合一多功能剥线钳（压线钳，剪削钳，去皮钳）。 4. 30cm钢尺一把。 5. 160mm规格尖嘴钳一把，斜口钳一把。 6. 电工腰带一根。	
11	其他工具	安装线路		1. 剪管刀一把。 2. 万用表一只。 3. ϕ20PVC弯管弹簧1根。	
12	尼龙扎带	固定管线		HDS—100M，长度4×200mm	
13	电工绝缘胶布	导线绝缘恢复		公牛PVC电气绝缘胶带9m防水耐高温高压阻燃电工电线彩黑色胶布	
14	兆欧表	测量导线对地、两导线间的绝缘电阻		500V	
班级		第（　　）组		组长签字	
教师签字		日期			

1.4　教学反馈单

学习场	安装家居照明线路			
学习情境 1	安装上下层楼梯间照明线路		学时	280 分钟
典型工作过程描述	绘制原理图—设计安装位置—安装线路—检查线路—测试验收线路			
调查项目	序号	调 查 内 容	理 由 描 述	
您对本次课程教学的改进意见是：				
调查信息	被调查人姓名		调查日期	

学习情境 2

安装一房一厅照明线路

案例 4
电力十足的
女劳模
——徐川子

案例 5
科学思维：
感动中国
——赤子钱伟长

案例 6
科学思维：
科学巨匠
——周培源

2.0 学习性工作任务单

<table>
<tr><td>学习场</td><td colspan="6">安装家居照明线路</td></tr>
<tr><td>学习情境 2</td><td colspan="3">安装一房一厅照明线路</td><td colspan="2">学时</td><td>480 分钟</td></tr>
<tr><td>典型工作过程描述</td><td colspan="6">绘制原理图—设计安装位置—安装线路—检查线路—测试验收线路</td></tr>
<tr><td>学习目标</td><td colspan="6">1. 能敷设一房一厅照明线路。
2. 遵守电气工程施工规范。
3. 树立安全用电意识。</td></tr>
<tr><td>任务描述</td><td colspan="6">1. 根据给定的系统图，绘制一房一厅照明线路工作原理图、平面布置图和安装接线图。
2. 在一房一厅（长 1500mm、宽 1500mm、高 2400mm 的套房，墙壁全部采用 2mm 的镀锌网孔板）居室内进行照明线路暗线布置安装。要求：①客厅安装 1 个吸顶灯，能实现两地控制；②房间安装一个单控的镜前灯和一个五孔普通插座；③要求 1 天内完成任务。</td></tr>
<tr><td>学时安排</td><td>资讯
30 分钟</td><td>计划
50 分钟</td><td>决策
25 分钟</td><td>实施
315 分钟</td><td>检查
35 分钟</td><td>评价
25 分钟</td></tr>
<tr><td>对学生的要求</td><td colspan="6">1. 实训前必须熟悉工作任务单和教学引导文。
2. 按时、按步骤完成当天的实训任务。
3. 实训室应保持肃静，组员间沟通讨论应低音交流，不得谈笑喧哗，不许搞其他动作，以免影响他人实训。
4. 实训过程中，不得抄写他人的实训记录，否则，须重做。如有疑问，应向指导教师询问清楚后方可进行。
5. 每天安排值日生负责打扫实训室，保持室内整洁，注意关上电源和门窗。</td></tr>
<tr><td>参考资料</td><td colspan="6">《房屋建筑制图统一标准》（GB/T 50001—2017）
《建筑电气工程施工质量验收规范》（GB 50303—2015）</td></tr>
</table>

2.1　教学引导文

学习场	安装家居照明线路	学习情境 2	安装一房一厅照明线路	参照系	工作内容：一房一厅居室内进行照明线路暗线布置安装。	
普适性工作过程 / 典型工作过程	资讯	计划	决策	实施	检查	评价
绘制原理图	根据给定的系统图，绘制 1 个两地控制一吸顶灯线路工作原理图、1 个单控镜前灯线路工作原理图和 1 个普通插座线路工作原理图，确定工作岗位人员，完成 2.1.1.1 绘制原理图的资讯单。	通过小组讨论和咨询专家等，拟定绘制一房一厅照明线路工作原理图的计划，完成 2.1.1.2 绘制原理图的计划单。	从可行性、经济性、可操作性、实施难易程度进行分析、比较、判断各计划的优点与不足，加以评分，选出最优计划。	通过小组讨论等，画出两地控制一吸顶灯线路、单控镜前灯线路和普通插座线路的工作原理图，完成 2.1.1.4 绘制原理图的实施单。	按照 2.1.1.5 绘制原理图的检查单中的检查项目和检查标准，进行学生自查和教师检查。	根据评价子项目配分，进行自评、互评和教师评价，填写 2.2 安装一房一厅照明线路评价单。
设计安装位置	现场勘察给定一房一厅结构尺寸，提出灯具、开关和插座可安装的位置，完成 2.1.2.1 设计安装位置的资讯单。	通过小组讨论等，编制一房一厅照明线路的定位计划，完成 2.1.2.2 设计安装位置的计划单。	从可行性、经济性、可操作性、安全性、实施难易程度进行分析、比较、判断各计划的优点与不足，加以评分，选出最优计划。	现场勘察，小组讨论，根据现场从电源箱处暗敷输出管的实际位置进行最优布置，画出小组最终确定的一房一厅照明线路平面布置图。安装高度说明： 开关安装距地 1.2～1.4m；因受工位实际情况限制，开关距门框不作要求；空调插座底边距地 2m，普通插座底边距地 0.3m；镜前灯座距地 1.8m，其他灯具按吸顶安装。	按照 2.1.2.5 设计安装位置的检查单中的检查项目和检查标准，进行学生自查和教师检查。	根据评价子项目配分，进行自评、互评和教师评价，填写 2.2 安装一房一厅照明线路评价单。

续表

学习场	安装家居照明线路	学习情境2	安装一房一厅照明线路	参照系	工作内容：一房一厅居室内进行照明线路暗线布置安装。	
普适性工作过程 典型工作过程	资讯	计划	决策	实施	检查	评价
安装线路	确定各工作岗位人员。在一房一厅（长1500mm、宽1500mm、高2400mm的套房，墙壁全部采用2mm的镀锌网孔板）居室内进行照明线路暗线布置安装，根据确定的平面布置图，绘制安装接线图，回答暗敷设的优缺点，识别安全标识，形成安全用电意识，完成2.1.3.1安装线路的资讯单。	通过小组讨论等，编制一房一厅照明线路的安装计划，完成2.1.3.2安装线路的计划单。	从可行性、经济性、可操作性、安全性、实施难易程度进行分析、比较、判断各计划的优点与不足，加以评分，选出最优计划。	根据安装接线图，填写设备材料工具清单，由物料员领取灯具、管线和其他辅料，先固定开关、插座底盒和灯座，再布置和固定PVC管，利用穿线器穿好各回路的火线、零线、地线，连接开关插座，完成线路安装。	按照2.1.3.5安装线路的检查单中的检查项目和检查标准，进行学生自查和教师检查。	根据评价子项目配分，进行自评、互评和教师评价，填写2.2安装一房一厅照明线路评价单。
检查线路	万用表欧姆挡可测量线路通断与否。兆欧表可测量绝缘电阻；一般情况下，导线和设备对地绝缘电阻以及导线间、设备间、导线与设备间绝缘电阻均大于等于0.5MΩ，满足通电条件。	通过小组讨论等，编制一房一厅照明线路检查计划，完成2.1.4.2检查线路的计划单。	从可行性、经济性、可操作性、安全性、实施难易程度进行分析、比较、判断各计划的优点与不足，加以评分，选出最优计划。	用万用表欧姆挡×1挡，检测安装的照明线路能否实现设计要求。用兆欧表测量火线对地绝缘电阻、零线对地绝缘电阻和火线与零线间的绝缘电阻。	按照2.1.4.5检查线路的检查单中的检查项目和检查标准，进行学生自查和教师检查。	根据评价子项目配分，进行自评、互评和教师评价，填写2.2安装一房一厅照明线路评价单。

续表

学习场	安装家居照明线路	学习情境 2	安装一房一厅照明线路	参照系	工作内容：一房一厅居室内进行照明线路暗线布置安装。	
普适性工作过程 典型工作过程	资讯	计划	决策	实施	检查	评价
测试验收线路	通过网上查询和小组讨论等，列出安全用电注意事项。教师作为监护人，同学作为操作人，通过实训室总配电箱—分配电箱（房间电源箱）提供电源，接通一房一厅线路，进行测试验收线路。	通过小组讨论等，编制一房一厅照明线路测试验收线路计划，完成 2.1.5.2 测试验收线路的计划单。	从可行性、经济性、可操作性、安全性、实施难易程度进行分析、比较、判断各计划的优点与不足，加以评分，选出最优计划。	依次通电检查吸顶灯、镜前灯、插座线路，完成测试验收线路，填写照明电路验收表（附录 2）。最后进行工作环境整理、整顿、清扫、清洁工作。	按照 2.1.5.5 测试验收线路的检查单中的检查项目和检查标准，进行学生自查和教师检查。	根据评价子项目配分，进行自评、互评和教师评价，填写 2.2 安装一房一厅照明线路评价单。

2.1.1　绘制原理图

2.1.1.1　绘制原理图的资讯单

<table>
<tr><td>学习场</td><td colspan="3">安装家居照明线路</td></tr>
<tr><td>学习情境 2</td><td>安装一房一厅照明线路</td><td>学时</td><td>5分钟</td></tr>
<tr><td>典型工作步骤 1 描述</td><td colspan="3">根据给定的系统图，绘制 1 个两地控制一吸顶灯线路、1 个单控镜前灯线路和 1 个普通插座线路的工作原理图。</td></tr>
<tr><td>搜集资讯的方式</td><td colspan="3">上网查询、小组座谈</td></tr>
<tr><td>资讯描述</td><td colspan="3">
1. 住户电源供电系统图（图 2.2.1）
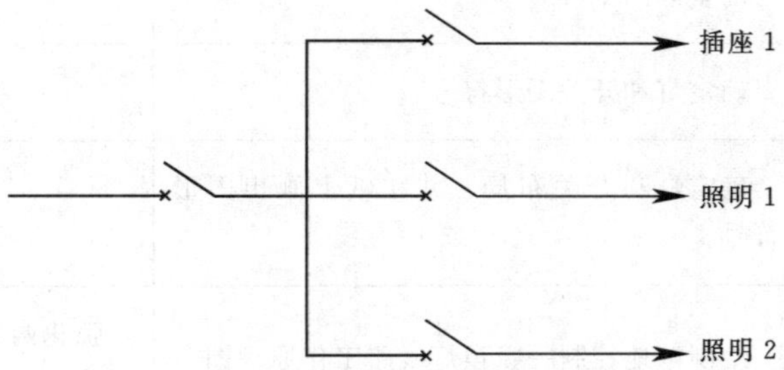

图 2.2.1　住户电源供电系统图
2. 绘制
3. 填写岗位分配表（表 2.2.1）
表 2.2.1　岗 位 分 配 表
<table>
<tr><td>类别</td><td>岗位</td><td>人数</td><td>姓名</td><td>备　注</td></tr>
<tr><td>班组长</td><td>组长</td><td>1</td><td></td><td>负责小组的组织与管理</td></tr>
<tr><td>设计</td><td>设计员</td><td></td><td></td><td>负责小组照明线路的设计</td></tr>
<tr><td>绘图</td><td>绘图员</td><td></td><td></td><td>负责小组照明线路的绘制</td></tr>
</table>
</td></tr>
<tr><td>对学生的要求</td><td colspan="3">网上查询相关知识，如有疑问，先组内交流，最后向指导教师咨询。</td></tr>
<tr><td>参考资料</td><td colspan="3"></td></tr>
</table>

2.1.1.2　绘制原理图的计划单

<table>
<tr><td>学习场</td><td colspan="4">安装家居照明线路</td></tr>
<tr><td>学习情境 2</td><td colspan="2">安装一房一厅照明线路</td><td>学时</td><td>5 分钟</td></tr>
<tr><td>典型工作步骤 1 描述</td><td colspan="4">根据给定的系统图，绘制 1 个两地控制一吸顶灯线路、1 个单控镜前灯线路和 1 个普通插座线路的工作原理图。</td></tr>
<tr><td>计划制订的方式</td><td colspan="4">小组讨论、咨询专家</td></tr>
<tr><td>序号</td><td colspan="2">工 作 步 骤</td><td colspan="2">注 意 事 项</td></tr>
<tr><td>1</td><td colspan="2">准备画图工具。</td><td colspan="2"></td></tr>
<tr><td>2</td><td colspan="2">确定灯和开关图形符号。</td><td colspan="2"></td></tr>
<tr><td>3</td><td colspan="2">确定灯和开关布局，并在纸上画出图形符号。</td><td colspan="2"></td></tr>
<tr><td>4</td><td colspan="2">绘制两地控制一吸顶灯线路工作原理图。</td><td colspan="2">强化两个双控开关实现两地控制一灯的正确接线。</td></tr>
<tr><td>5</td><td colspan="2">绘制单控镜前灯线路工作原理图。</td><td colspan="2"></td></tr>
<tr><td>6</td><td colspan="2">绘制普通插座线路工作原理图。</td><td colspan="2"></td></tr>
</table>

<table>
<tr><td rowspan="3">计划评价</td><td>班级</td><td></td><td>第（　）组</td><td>组长签字</td><td></td></tr>
<tr><td>教师签字</td><td></td><td>日期</td><td colspan="2"></td></tr>
<tr><td colspan="5">评语：</td></tr>
</table>

学习情境 2-6

2.1.1.3　绘制原理图的决策单

<table>
<tr><td colspan="2">学习场</td><td colspan="6">安装家居照明线路</td></tr>
<tr><td colspan="2">学习情境 2</td><td colspan="3">安装一房一厅照明线路</td><td colspan="2">学时</td><td>5 分钟</td></tr>
<tr><td colspan="2">典型工作步骤 1 描述</td><td colspan="6">根据给定的系统图，绘制 1 个两地控制一吸顶灯线路、1 个单控镜前灯线路和 1 个普通插座线路的工作原理图。</td></tr>
<tr><td colspan="8">计划对比</td></tr>
<tr><td>序号</td><td colspan="2">可行性</td><td>经济性</td><td colspan="2">可操作性</td><td>实施难度</td><td>综合评价</td></tr>
<tr><td>1</td><td colspan="2"></td><td></td><td colspan="2"></td><td></td><td></td></tr>
<tr><td>2</td><td colspan="2"></td><td></td><td colspan="2"></td><td></td><td></td></tr>
<tr><td>3</td><td colspan="2"></td><td></td><td colspan="2"></td><td></td><td></td></tr>
<tr><td>4</td><td colspan="2"></td><td></td><td colspan="2"></td><td></td><td></td></tr>
<tr><td>5</td><td colspan="2"></td><td></td><td colspan="2"></td><td></td><td></td></tr>
<tr><td>6</td><td colspan="2"></td><td></td><td colspan="2"></td><td></td><td></td></tr>
<tr><td>7</td><td colspan="2"></td><td></td><td colspan="2"></td><td></td><td></td></tr>
<tr><td>8</td><td colspan="2"></td><td></td><td colspan="2"></td><td></td><td></td></tr>
<tr><td>9</td><td colspan="2"></td><td></td><td colspan="2"></td><td></td><td></td></tr>
<tr><td>10</td><td colspan="2"></td><td></td><td colspan="2"></td><td></td><td></td></tr>
<tr><td colspan="2" rowspan="3">决策评价</td><td>班级</td><td></td><td>第（　　）组</td><td colspan="2">组长签字</td><td></td></tr>
<tr><td>教师签字</td><td></td><td>日期</td><td colspan="3"></td></tr>
<tr><td colspan="6">评语：</td></tr>
</table>

2.1.1.4　绘制原理图的实施单

学习场	安装家居照明线路		
学习情境 2	安装一房一厅照明线路	学时	20 分钟
典型工作步骤 1 描述	根据给定的系统图，绘制 1 个两地控制一吸顶灯线路、1 个单控镜前灯线路和 1 个普通插座线路的工作原理图。		

序号	实 施 步 骤	工 作 原 理 图
1		两地控制一灯线路工作原理图：
2		
3		
4		
5		单控镜前灯线路工作原理图：
		普通插座线路工作原理图：

实施说明：

实施评价	班级		第（　　）组	组长签字	
	教师签字		日期		
	评语：				

2.1.1.5　绘制原理图的检查单

<table>
<tr><td>学习场</td><td colspan="5">安装家居照明线路</td></tr>
<tr><td>学习情境 2</td><td colspan="3">安装一房一厅照明线路</td><td>学时</td><td>10 分钟</td></tr>
<tr><td>典型工作步骤 1 描述</td><td colspan="5">根据给定的系统图，绘制 1 个两地控制一吸顶灯线路、1 个单控镜前灯线路和 1 个普通插座线路的工作原理图。</td></tr>
<tr><td>序号</td><td>检 查 项 目</td><td colspan="2">检 查 标 准</td><td>学生自查</td><td>教师检查</td></tr>
<tr><td>1</td><td>1 开双控开关结构</td><td colspan="2">能说出 1 开双控开关由 1 个动触点，2 个静触点组成。</td><td></td><td></td></tr>
<tr><td>2</td><td>两地控制一灯线路原理图</td><td colspan="2">能画出两地控制一灯线路原理图。</td><td></td><td></td></tr>
<tr><td>3</td><td>普通插座线路原理图</td><td colspan="2">能画出普通插座线路原理图。</td><td></td><td></td></tr>
<tr><td></td><td></td><td colspan="2"></td><td></td><td></td></tr>
<tr><td></td><td></td><td colspan="2"></td><td></td><td></td></tr>
<tr><td></td><td></td><td colspan="2"></td><td></td><td></td></tr>
<tr><td></td><td></td><td colspan="2"></td><td></td><td></td></tr>
<tr><td rowspan="3">检查评价</td><td>班级</td><td></td><td>第（　　）组</td><td>组长签字</td><td></td></tr>
<tr><td>教师签字</td><td></td><td>日期</td><td colspan="2"></td></tr>
<tr><td colspan="5">评语：</td></tr>
</table>

2.1.2　设计安装位置

2.1.2.1　设计安装位置的资讯单

学习场	安装家居照明线路		
学习情境 2	安装一房一厅照明线路	学时	5 分钟
典型工作步骤 2 描述	在长 1500mm、宽 1500mm、高 2400mm 的一房一厅套房内，客厅安装 1 个能实现两地控制的吸顶灯，房间安装 1 个单控的镜前灯和 1 个五孔普通插座，设计开关、插座和灯具的安装位置。		
搜集资讯的方式	（学生填）		
资讯描述	（学生填，用简图表示小组提出的所有平面布置）		
对学生的要求	如有疑问，先组内交流，最后向指导教师咨询。		
参考资料			

2.1.2.2　设计安装位置的计划单

<table>
<tr><td>学习场</td><td colspan="5">安装家居照明线路</td></tr>
<tr><td>学习情境 2</td><td colspan="3">安装一房一厅照明线路</td><td>学时</td><td>5 分钟</td></tr>
<tr><td>典型工作步骤 2 描述</td><td colspan="5">在长 1500mm、宽 1500mm、高 2400mm 的一房一厅套房内，客厅安装 1 个能实现两地控制的吸顶灯，房间安装 1 个单控的镜前灯和 1 个五孔普通插座，设计开关、插座和灯具的安装位置。</td></tr>
<tr><td>计划制订的方式</td><td colspan="5">小组讨论、咨询老师</td></tr>
<tr><td>序号</td><td colspan="2">工 作 步 骤</td><td colspan="3">注 意 事 项</td></tr>
<tr><td></td><td colspan="2"></td><td colspan="3" rowspan="9"></td></tr>
<tr><td></td><td colspan="2"></td></tr>
<tr><td></td><td colspan="2"></td></tr>
<tr><td></td><td colspan="2"></td></tr>
<tr><td></td><td colspan="2"></td></tr>
<tr><td></td><td colspan="2"></td></tr>
<tr><td></td><td colspan="2"></td></tr>
<tr><td></td><td colspan="2"></td></tr>
<tr><td></td><td colspan="2"></td></tr>
<tr><td rowspan="3">计划评价</td><td>班级</td><td></td><td>第（　　）组</td><td>组长签字</td><td></td></tr>
<tr><td>教师签字</td><td></td><td>日期</td><td colspan="2"></td></tr>
<tr><td colspan="5">评语：</td></tr>
</table>

学习情境 2-11

2.1.2.3　设计安装位置的决策单

<table>
<tr><td>学习场</td><td colspan="6">安装家居照明线路</td></tr>
<tr><td>学习情境 2</td><td colspan="4">安装一房一厅照明线路</td><td>学时</td><td>5 分钟</td></tr>
<tr><td>典型工作步骤 2 描述</td><td colspan="6">在长 1500mm、宽 1500mm、高 2400mm 的一房一厅套房内，客厅安装 1 个能实现两地控制的吸顶灯，房间安装 1 个单控的镜前灯和 1 个五孔普通插座，设计开关、插座和灯具的安装位置。</td></tr>
<tr><td colspan="7">计　划　对　比</td></tr>
<tr><td>序号</td><td>可行性</td><td>经济性</td><td>可操作性</td><td>安全性</td><td>实施难度</td><td>综合评价</td></tr>
<tr><td>1</td><td></td><td></td><td></td><td></td><td></td><td></td></tr>
<tr><td>2</td><td></td><td></td><td></td><td></td><td></td><td></td></tr>
<tr><td>3</td><td></td><td></td><td></td><td></td><td></td><td></td></tr>
<tr><td>4</td><td></td><td></td><td></td><td></td><td></td><td></td></tr>
<tr><td>5</td><td></td><td></td><td></td><td></td><td></td><td></td></tr>
<tr><td>6</td><td></td><td></td><td></td><td></td><td></td><td></td></tr>
<tr><td>7</td><td></td><td></td><td></td><td></td><td></td><td></td></tr>
<tr><td></td><td></td><td></td><td></td><td></td><td></td><td></td></tr>
<tr><td></td><td></td><td></td><td></td><td></td><td></td><td></td></tr>
<tr><td></td><td></td><td></td><td></td><td></td><td></td><td></td></tr>
<tr><td rowspan="3">决策评价</td><td>班级</td><td></td><td>第（　）组</td><td>组长签字</td><td colspan="2"></td></tr>
<tr><td>教师签字</td><td></td><td>日期</td><td colspan="3"></td></tr>
<tr><td colspan="6">评语：</td></tr>
</table>

2.1.2.4　设计安装位置的实施单

学习场	安装家居照明线路		
学习情境 2	安装一房一厅照明线路	学时	10 分钟
典型工作步骤 2 描述	在长 1500mm、宽 1500mm、高 2400mm 的一房一厅套房内，客厅安装 1 个能实现两地控制的吸顶灯，房间安装 1 个单控的镜前灯和 1 个五孔普通插座，设计开关、插座和灯具的安装位置。		

序号	实 施 步 骤	注 意 事 项
1	现场勘察。	根据现场从电源箱处暗敷输出管的实际位置进行最优布置。
2	讨论客厅安装 1 个能实现两地控制吸顶灯线路开关和灯具的位置。	
3	确定客厅开关和灯具的安装位置。	
4	讨论房间安装 1 个单控的镜前灯和 1 个五孔普通插座的位置。	
5	确定房间开关、灯具和插座的安装位置。	

续表

<table>
<tr><td colspan="6">实施说明：
1. 在房屋结构图（图 2.2.2）中，画出小组最终设计的一房一厅照明线路平面布置图。
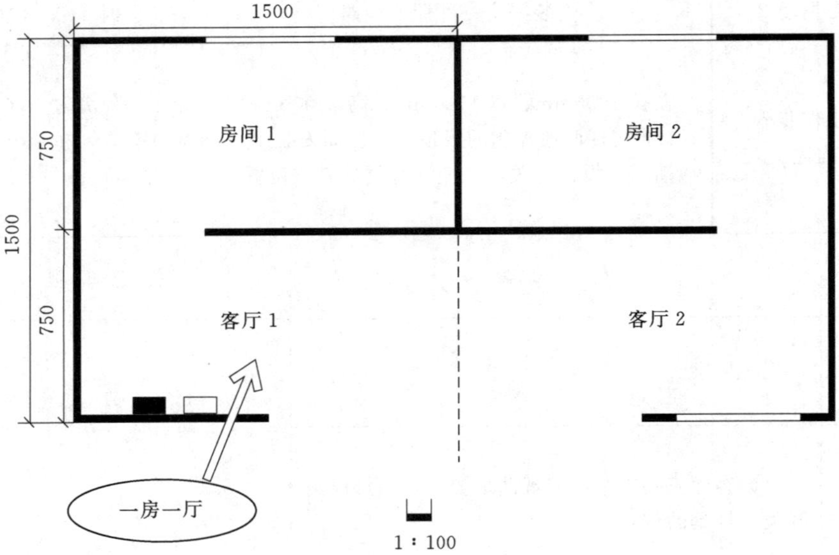

图 2.2.2　房屋结构图（一）
2. 安装高度说明。
(1) 开关安装距地 1.2～1.4m；因受工位实际情况限制，开关距门框不作要求。
(2) 空调插座底边距地 2m，普通插座底边距地 0.3m。
(3) 镜前灯座距地 1.8m，其他灯具按吸顶安装。</td></tr>
<tr><td rowspan="3">实施评价</td><td>班级</td><td></td><td>第（　　）组</td><td>组长签字</td><td></td></tr>
<tr><td>教师签字</td><td></td><td>日期</td><td colspan="2"></td></tr>
<tr><td colspan="5">评语：</td></tr>
</table>

2.1.2.5　设计安装位置的检查单

学习场	安装家居照明线路			
学习情境 2	安装一房一厅照明线路		学时	5 分钟
典型工作步骤 2 描述	在长 1500mm、宽 1500mm、高 2400mm 的一房一厅套房内，客厅安装 1 个能实现两地控制的吸顶灯，房间安装 1 个单控的镜前灯和 1 个五孔普通插座，设计开关、插座和灯具的安装位置。			
序号	检 查 项 目	检 查 标 准	学生自查	教师检查
1	单管日光（镜前灯）图形符号	能画出单管日光（镜前灯）图形符号。		
2	吸顶灯图形符号	能画出吸顶灯图形符号。		
3	暗装单极开关图形符号	能画出暗装单极开关图形符号。		
4	暗装双控开关图形符号	能画出暗装双控开关图形符号。		
5	暗装单相三极插座（带接地）图形符号	能画出暗装单相三极插座（带接地）图形符号。		
检查评价	班级		第（　）组	组长签字
	教师签字		日期	
	评语：			

2.1.3　安装线路

2.1.3.1　安装线路的资讯单

<table>
<tr><td>学习场</td><td colspan="3">安装家居照明线路</td></tr>
<tr><td>学习情境 2</td><td>安装一房一厅照明线路</td><td>学时</td><td>10 分钟</td></tr>
<tr><td>典型工作步骤 3 描述</td><td colspan="3">在长 1500mm、宽 1500mm、高 2400mm 的一房一厅套房内，客厅安装 1 个能实现两地控制的吸顶灯，房间安装 1 个单控的镜前灯和 1 个五孔普通插座，实施暗线布置安装。</td></tr>
<tr><td>搜集资讯的方式</td><td colspan="3">查阅图书资料、搜索网络、小组座谈等</td></tr>
<tr><td>资讯描述</td><td colspan="3">
1. 确定各工作岗位人员，岗位分配表见表 2.2.2。
表 2.2.2　岗 位 分 配 表
<table>
<tr><th>类别</th><th>岗位</th><th>人数</th><th>姓名</th><th>备　注</th></tr>
<tr><td>班组长</td><td>组长</td><td>1</td><td></td><td>负责小组的组织与管理</td></tr>
<tr><td>安全</td><td>安全员</td><td>1</td><td></td><td>负责小组实训过程中的相关安全问题的预测与保障</td></tr>
<tr><td>设计</td><td>设计员</td><td>1</td><td></td><td>负责小组照明线路设计及绘制</td></tr>
<tr><td>施工</td><td>施工员</td><td>1</td><td></td><td>负责小组照明线路的安装</td></tr>
<tr><td>物料</td><td>物料员</td><td>1</td><td></td><td>负责小组施工物料的管理</td></tr>
<tr><td>监理</td><td>监理员</td><td>1</td><td></td><td>负责监察实施步骤执行情况</td></tr>
</table>
(1) 设一个班 45 人，分为 8 个小组，每个小组 5～6 人；若人员有浮动可根据实际情况调节人数（可设兼职）。
(2) 每个班组按照岗位不同，进行分工协作，共同完成分配的任务。
(3) 教学过程中，以任务为导向，以团队为基本单元，开展课堂组织与工作实施。
2. 在一房一厅（长 1500mm、宽 1500mm、高 2400mm 的套房，墙壁全部采用 2mm 的镀锌网孔板）居室内进行照明线路暗线布置安装，根据确定的平面布置图，在下面对应的房屋结构图（图 2.2.3 和图 2.2.4）中绘制安装接线图。
</td></tr>
</table>

续表

<table>
<tr><td>资讯描述</td><td>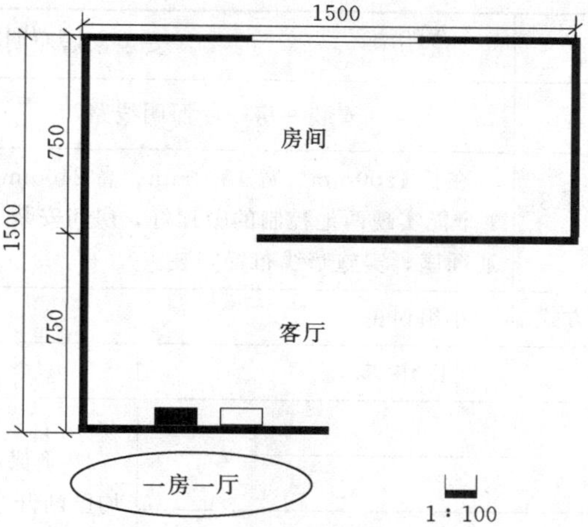

图 2.2.3 房屋结构图（二）

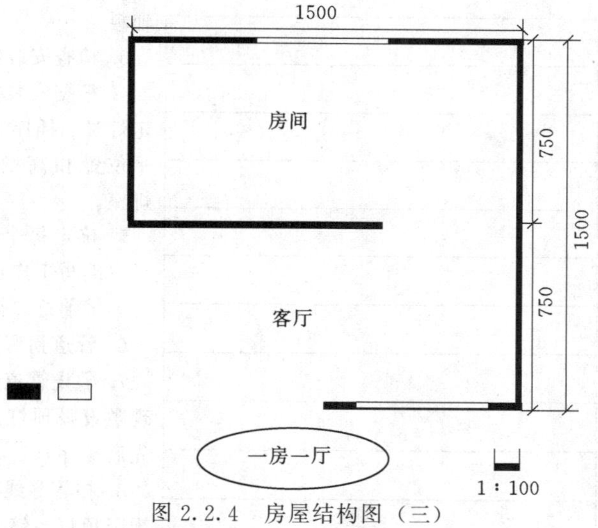

图 2.2.4 房屋结构图（三）

3. 暗敷设布线的优缺点。

2.2.1 安全标识　　2.2.2 江山云邸E2-1-2401墙体图　　2.2.3 卧室照明线路安装接线图　　2.2.4 厨房照明线路安装接线图</td></tr>
<tr><td>对学生的要求</td><td>如有疑问，先组内交流，最后向指导教师咨询。</td></tr>
<tr><td>参考资料</td><td></td></tr>
</table>

2.1.3.2　安装线路的计划单

学习场	安装家居照明线路		
学习情境 2	安装一房一厅照明线路	学时	20 分钟
典型工作步骤 3 描述	在长 1500mm、宽 1500mm、高 2400mm 的一房一厅套房内，客厅安装 1 个能实现两地控制的吸顶灯，房间安装 1 个单控的镜前灯和 1 个五孔普通插座，实施暗线布置安装。		
计划制订的方式	小组讨论		

序号	工 作 步 骤	注 意 事 项
		1. 确保电源箱总开关，各分支电源开关均已断开。 2. 根据安装接线图，填写设备材料工具清单，由物料员领取灯具、管线和其他辅料。 3. 检查安装物料是否完好，可用。 4. 根据安装接线图和安装高度说明，确定灯具、插座、开关、配电箱等设备的水平位置和高度，固定开关、插座底盒和灯座。 5. 确定每个回路导线敷设 PVC 管的路径（编写工作步骤时，应能体现确定吸顶灯、镜前灯、插座线路管道的先后顺序）。 6. 管道拐弯处进行弯管。 7. 敷设管道（编写工作步骤时，应能体现敷设吸顶灯、镜前灯、插座线路管道的先后顺序）。 8. 扫管穿线（编写工作步骤时，应能体现吸顶灯、镜前灯、插座线路穿线的先后顺序）。 9. 连接导线及分支。 10. 完成灯座、插座、开关的接线。

计划评价	班级		第（　　）组	组长签字	
	教师签字		日期		
	评语：				

2.1.3.3　安装线路的决策单

<table>
<tr><td>学习场</td><td colspan="6">安装家居照明线路</td></tr>
<tr><td>学习情境 2</td><td colspan="4">安装一房一厅照明线路</td><td>学时</td><td>5 分钟</td></tr>
<tr><td>典型工作步骤 3 描述</td><td colspan="6">在长 1500mm、宽 1500mm、高 2400mm 的一房一厅套房内，客厅安装 1 个能实现两地控制的吸顶灯，房间安装 1 个单控的镜前灯和 1 个五孔普通插座，实施暗线布置安装。</td></tr>
<tr><td colspan="7">计　划　对　比</td></tr>
<tr><td>序号</td><td>可行性</td><td>经济性</td><td>可操作性</td><td>安全性</td><td>实施难度</td><td>综合评价</td></tr>
<tr><td>1</td><td></td><td></td><td></td><td></td><td></td><td></td></tr>
<tr><td>2</td><td></td><td></td><td></td><td></td><td></td><td></td></tr>
<tr><td>3</td><td></td><td></td><td></td><td></td><td></td><td></td></tr>
<tr><td>4</td><td></td><td></td><td></td><td></td><td></td><td></td></tr>
<tr><td>5</td><td></td><td></td><td></td><td></td><td></td><td></td></tr>
<tr><td>6</td><td></td><td></td><td></td><td></td><td></td><td></td></tr>
<tr><td>7</td><td></td><td></td><td></td><td></td><td></td><td></td></tr>
<tr><td>8</td><td></td><td></td><td></td><td></td><td></td><td></td></tr>
<tr><td>9</td><td></td><td></td><td></td><td></td><td></td><td></td></tr>
<tr><td>10</td><td></td><td></td><td></td><td></td><td></td><td></td></tr>
<tr><td rowspan="3">决策评价</td><td>班级</td><td></td><td>第（　　）组</td><td>组长签字</td><td colspan="2"></td></tr>
<tr><td>教师签字</td><td></td><td>日期</td><td colspan="3"></td></tr>
<tr><td colspan="6">评语：</td></tr>
</table>

2.1.3.4　安装线路的实施单

<table>
<tr><td colspan="2">学习场</td><td colspan="3">安装家居照明线路</td></tr>
<tr><td colspan="2">学习情境 2</td><td>安装一房一厅照明线路</td><td>学时</td><td>220 分钟</td></tr>
<tr><td colspan="2">典型工作步骤 3 描述</td><td colspan="3">在长 1500mm、宽 1500mm、高 2400mm 的一房一厅套房内，客厅安装 1 个能实现两地控制的吸顶灯，房间安装 1 个单控的镜前灯和 1 个五孔普通插座，实施暗线布置安装。</td></tr>
<tr><td>序号</td><td colspan="2">实施步骤</td><td colspan="2">注意事项</td></tr>
<tr><td></td><td colspan="2"></td><td colspan="2" rowspan="18">1. 注意领用的灯具是否要接地线；面对插座面板，遵守“左零右火接地在上”原则接线。
2. 着装规范：应穿实训服、运动鞋施工。不允许穿拖鞋、打赤脚、打赤膊、穿裙子、穿短装、披头散发等施工。
3. 注意施工安全。不允许将工具放置在房屋配电箱箱内、顶上和房屋屋顶梁、柱等高处；任何人不允许坐在房屋屋顶梁、柱等高处；如果站在凳子上和梯子上安装施工，安全员必须站在旁边看护；在施工过程中，不得私自通电试验。
4. 应文明施工，组员间沟通讨论应低音交流，不得谈笑喧哗，不许打闹。
5. 安装材料的使用，应在不影响安装结果的前提下注意节约，杜绝浪费。
6. 安装过程如有设备破损须报告指导教师，并填写设备损坏登记簿。
7. 安装完毕后，须将设备、用具等整理清洁，按原来的位置摆设放置，清扫工作现场。</td></tr>
<tr><td></td><td colspan="2"></td></tr>
<tr><td></td><td colspan="2"></td></tr>
<tr><td></td><td colspan="2"></td></tr>
<tr><td></td><td colspan="2"></td></tr>
<tr><td></td><td colspan="2"></td></tr>
<tr><td></td><td colspan="2"></td></tr>
<tr><td></td><td colspan="2"></td></tr>
<tr><td></td><td colspan="2"></td></tr>
<tr><td></td><td colspan="2"></td></tr>
<tr><td></td><td colspan="2"></td></tr>
<tr><td></td><td colspan="2"></td></tr>
<tr><td></td><td colspan="2"></td></tr>
<tr><td></td><td colspan="2"></td></tr>
<tr><td></td><td colspan="2"></td></tr>
<tr><td></td><td colspan="2"></td></tr>
<tr><td></td><td colspan="2"></td></tr>
<tr><td></td><td colspan="2"></td></tr>
</table>

续表

实施说明：

工程现场导线暗敷设的操作工序如下：

（1）按施工图确定灯具、插座、开关、配电箱等设备的水平位置和高度。

（2）确定导线敷设的路径，包括电源进出线、穿过墙壁或楼板的位置。

（3）进行弯管、焊接和锯断管路，配合土建进行预埋管路。

（4）预埋管内穿入 $\phi 1.2$mm 钢丝引线，并用纱布堵好管口防止沙土杂物进入管口。

（5）扫管穿线。

（6）连接导线及分支。

（7）检查线路安装质量。

（8）完成灯座、插座、开关及用电设备的接线。

（9）检查线路是否满足设计要求。

（10）灯具试亮，装灯具。

（11）绝缘测量。

（12）通电试验，全面验收。

2.2.5　工程现场照明线路验收规范

<table>
<tr><td rowspan="3">实施评价</td><td>班级</td><td></td><td>第（　　）组</td><td>组长签字</td><td></td></tr>
<tr><td>教师签字</td><td></td><td>日期</td><td colspan="2"></td></tr>
<tr><td colspan="5">评语：</td></tr>
</table>

2.1.3.5　安装线路的检查单

<table>
<tr><td>学习场</td><td colspan="4">安装家居照明线路</td></tr>
<tr><td>学习情境 2</td><td colspan="2">安装一房一厅照明线路</td><td>学时</td><td>5 分钟</td></tr>
<tr><td>典型工作步骤 3 描述</td><td colspan="4">在长 1500mm、宽 1500mm、高 2400mm 的一房一厅套房内，客厅安装 1 个能实现两地控制的吸顶灯，房间安装 1 个单控的镜前灯和 1 个五孔普通插座，实施暗线布置安装。</td></tr>
<tr><td>序号</td><td>检 查 项 目</td><td>检 查 标 准</td><td>学生自查</td><td>教师检查</td></tr>
<tr><td>1</td><td>照明线路接线原则</td><td>火线进开关，零线进灯头。</td><td></td><td></td></tr>
<tr><td>2</td><td>两地控制一吸顶灯线路</td><td>能在安装现场指出两地控制一灯安装线路火线和零线走向。</td><td></td><td></td></tr>
<tr><td>3</td><td>暗装单相三极插座接线原则</td><td>左零右火接地在上。</td><td></td><td></td></tr>
<tr><td></td><td></td><td></td><td></td><td></td></tr>
<tr><td></td><td></td><td></td><td></td><td></td></tr>
<tr><td></td><td></td><td></td><td></td><td></td></tr>
<tr><td></td><td></td><td></td><td></td><td></td></tr>
<tr><td></td><td></td><td></td><td></td><td></td></tr>
<tr><td></td><td></td><td></td><td></td><td></td></tr>
</table>

<table>
<tr><td rowspan="3">检查评价</td><td>班级</td><td></td><td>第（　　）组</td><td>组长签字</td><td></td></tr>
<tr><td>教师签字</td><td></td><td>日期</td><td colspan="2"></td></tr>
<tr><td colspan="5">评语：</td></tr>
</table>

2.1.4　检查线路

2.1.4.1　检查线路的资讯单

学习场	安装家居照明线路		
学习情境 2	安装一房一厅照明线路	学时	5 分钟
典型工作步骤 4 描述	用万用表欧姆挡检查一房一厅所有照明线路能否实现设计要求。用兆欧表测量绝缘电阻，检查导线和设备对地绝缘电阻，以及导线间、设备间、导线与设备间绝缘电阻是否大于等于 0.5MΩ，满足通电条件。		
搜集资讯的方式	（学生填写）		
资讯描述	（学生填写） 2.2.6　查线与检测绝缘电阻视频		
对学生的要求			
参考资料			

2.1.4.2　检查线路的计划单

学习场	安装家居照明线路		
学习情境 2	安装一房一厅照明线路	学时	10 分钟
典型工作步骤 4 描述	用万用表欧姆挡检查一房一厅所有照明线路能否实现设计要求。用兆欧表测量绝缘电阻，检查导线和设备对地绝缘电阻，以及导线间、设备间、导线与设备间绝缘电阻是否大于等于 0.5MΩ，满足通电条件。		
计划制订的方式	小组讨论		

序号	工 作 步 骤	注 意 事 项
检查线路是否满足设计要求：		
1	短接吸顶灯和镜前灯安装处的火线和零线。	
2	将万用表转换开关旋至欧姆挡×1 挡，进行欧姆调零。	
3	确保电源箱总开关，吸顶灯、镜前灯、普通插座线路电源开关均已断开。	
4	检查两地控制一吸顶灯线路：①断开线路开关；②万用表红表笔接至电源箱吸顶灯线路空开出线端火线，万用表黑表笔接至电源箱零线汇流排吸顶灯线路零线处，万用表指示“∞”；③合上任意一个双控开关，观察万用表，万用表指示“0”；④再断开任意一个双控开关，观察万用表，万用表指示“∞”；⑤可判断两地控制一吸顶灯线路能实现设计要求。	
5	检查镜前灯线路：①断开线路开关；②万用表红表笔接至电源箱镜前灯线路空开出线端火线，万用表黑表笔接至电源箱零线汇流排镜前灯线路零线处，万用表指示“∞”；③合上开关，观察万用表，万用表指示“0”；④再断开开关，观察万用表，万用表指示“∞”；⑤可判断镜前灯线路能实现设计要求。	
6	检查插座线路：①插座处，火线、零线、地线三线短接。②万用表红表笔接至电源箱普通插座线路空开出线端火线，万用表黑表笔接至电源箱零线汇流排普通插座线路零线处，万用表指示“0”；红表笔仍接至电源箱普通插座线路空开出线端火线，将万用表黑表笔接至电源箱地线汇流排普通插座线路地线处，万用表指示“0”。③可判断普通插座线路能实现设计要求。	
7	线路实现设计要求：将万用表转换开关旋至“off”挡或交流电压最大挡位。若线路不能实现设计要求，则进一步检查线路，排除故障。	

续表

<table>
<tr><th>序号</th><th>工 作 步 骤</th><th>注 意 事 项</th></tr>
<tr><td colspan="3">进行线路绝缘电阻测试（线路已满足设计要求）：</td></tr>
<tr><td>1</td><td>断开灯具底座处的火线和零线，安装各回路灯具。</td><td rowspan="9">1. 确保兆欧表是良好的。
2. 顺时针由慢而快转动兆欧表手柄，转速达120r/min左右时，保持匀速转动，1分钟后边摇边读数，绝缘电阻大于等于0.5MΩ时为合格。测量完毕，边慢摇边拆线，然后将被测设备放电。兆欧表未停止转动之前或被测设备未放电之前，严禁用手触及。拆线时，也不要触及导线金属部分。</td></tr>
<tr><td>2</td><td>申请借用兆欧表。</td></tr>
<tr><td>3</td><td>对兆欧表进行开路和短路试验。</td></tr>
<tr><td>4</td><td>确保电源箱总开关断开，合上吸顶灯、镜前灯、普通插座线路电源开关。</td></tr>
<tr><td>5</td><td>合上吸顶灯、镜前灯线路开关。</td></tr>
<tr><td>6</td><td>测量火线与零线间的绝缘电阻。将兆欧表“L”端子接电源箱总开关出线端火线，“E”端子接电源箱零线汇流排。</td></tr>
<tr><td>7</td><td>测量火线对地绝缘电阻。将兆欧表“L”端子接电源箱总开关出线端火线，“E”端子接电源箱地线汇流排。</td></tr>
<tr><td>8</td><td>测量零线对地绝缘电阻。将兆欧表“L”端子接电源箱总开关出线端零线，“E”端子接电源箱地线汇流排。</td></tr>
<tr><td>9</td><td>归还兆欧表。所有绝缘电阻均大于等于0.5MΩ，线路满足通电条件，将兆欧表放回原位。</td></tr>
</table>

<table>
<tr><td rowspan="3">计划评价</td><td>班级</td><td></td><td>第（　　）组</td><td>组长签字</td><td></td></tr>
<tr><td>教师签字</td><td></td><td>日期</td><td colspan="2"></td></tr>
<tr><td colspan="5">评语：</td></tr>
</table>

2.1.4.3　检查线路的决策单

学习场	安装家居照明线路					
学习情境 2	安装一房一厅照明线路			学时	5 分钟	
典型工作步骤 4 描述	用万用表欧姆挡检查一房一厅所有照明线路能否实现设计要求。用兆欧表测量绝缘电阻，检查导线和设备对地绝缘电阻，以及导线间、设备间、导线与设备间绝缘电阻是否大于等于 0.5MΩ，满足通电条件。					
计　划　对　比						
序号	可行性	经济性	可操作性	安全性	实施难度	综合评价
1						
2						
3						
4						
5						
6						
7						
决策评价	班级		第（　　）组	组长签字		
	教师签字		日期			
	评语：					

2.1.4.4　检查线路的实施单

<table>
<tr><td>学习场</td><td colspan="4">安装家居照明线路</td></tr>
<tr><td>学习情境 2</td><td colspan="2">安装一房一厅照明线路</td><td>学时</td><td>50 分钟</td></tr>
<tr><td>典型工作步骤 4 描述</td><td colspan="4">用万用表欧姆挡检查一房一厅所有照明线路能否实现设计要求。用兆欧表测量绝缘电阻，检查导线和设备对地绝缘电阻，以及导线间、设备间、导线与设备间绝缘电阻是否大于等于 0.5MΩ，满足通电条件。</td></tr>
<tr><td>序号</td><td colspan="2">实 施 步 骤</td><td colspan="2">注 意 事 项</td></tr>
<tr><td colspan="5">检查线路是否满足设计要求：</td></tr>
<tr><td></td><td colspan="2"></td><td colspan="2"></td></tr>
<tr><td></td><td colspan="2"></td><td colspan="2"></td></tr>
<tr><td></td><td colspan="2"></td><td colspan="2"></td></tr>
<tr><td></td><td colspan="2"></td><td colspan="2"></td></tr>
<tr><td></td><td colspan="2"></td><td colspan="2"></td></tr>
<tr><td></td><td colspan="2"></td><td colspan="2"></td></tr>
<tr><td></td><td colspan="2"></td><td colspan="2"></td></tr>
<tr><td colspan="5">进行线路绝缘电阻测试（线路已满足设计要求）：</td></tr>
<tr><td></td><td colspan="2"></td><td colspan="2"></td></tr>
<tr><td></td><td colspan="2"></td><td colspan="2"></td></tr>
<tr><td></td><td colspan="2"></td><td colspan="2"></td></tr>
<tr><td></td><td colspan="2"></td><td colspan="2"></td></tr>
<tr><td></td><td colspan="2"></td><td colspan="2"></td></tr>
<tr><td></td><td colspan="2"></td><td colspan="2"></td></tr>
<tr><td></td><td colspan="2"></td><td colspan="2"></td></tr>
<tr><td colspan="5">实施说明：</td></tr>
</table>

<table>
<tr><td rowspan="3">实施评价</td><td>班级</td><td></td><td>第（　　）组</td><td>组长签字</td><td></td></tr>
<tr><td>教师签字</td><td></td><td>日期</td><td colspan="2"></td></tr>
<tr><td colspan="5">评语：</td></tr>
</table>

2.1.4.5　检查线路的检查单

学习场	安装家居照明线路		
学习情境 2	安装一房一厅照明线路	学时	10 分钟
典型工作步骤 4 描述	用万用表欧姆挡检查一房一厅所有照明线路能否实现设计要求。用兆欧表测量绝缘电阻，检查导线和设备对地绝缘电阻，以及导线间、设备间、导线与设备间绝缘电阻是否大于等于 0.5MΩ，满足通电条件。		

序号	检 查 项 目	检 查 标 准	学生自查	教师检查
1	万用表检查线路	会用万用表欧姆挡检查两地控制一灯线路是否满足设计要求。		
2	兆欧表测量绝缘电阻	会用兆欧表测量火线对地、零线对地和火线零线之间的绝缘电阻。		
3	绝缘电阻合格的标准	绝缘电阻≥0.5MΩ。		

检查评价					
	班级		第（　　）组	组长签字	
	教师签字		日期		
	评语：				

2.1.5　测试验收线路

2.1.5.1　测试验收线路的资讯单

学习场	安装家居照明线路		
学习情境2	安装一房一厅照明线路	学时	5分钟
典型工作步骤5描述	列出安全用电注意事项。教师监护，学生操作，测试验收一房一厅照明线路。		
搜集资讯的方式	（学生填写）		
资讯描述	（学生填写） 安全用电注意事项：		
对学生的要求	如有疑问，先组内交流，最后向指导教师咨询。		
参考资料			

2.1.5.2　测试验收线路的计划单

<table>
<tr><td>学习场</td><td colspan="5">安装家居照明线路</td></tr>
<tr><td>学习情境 2</td><td colspan="3">安装一房一厅照明线路</td><td>学时</td><td>10 分钟</td></tr>
<tr><td>典型工作步骤 5 描述</td><td colspan="5">列出安全用电注意事项。教师监护，学生操作，测试验收一房一厅照明线路。</td></tr>
<tr><td>计划制订的方式</td><td colspan="5">小组讨论</td></tr>
<tr><td>序号</td><td colspan="2">工 作 步 骤</td><td colspan="3">具体工作内容或作用</td></tr>
<tr><td></td><td colspan="2"></td><td colspan="3"></td></tr>
<tr><td></td><td colspan="2"></td><td colspan="3"></td></tr>
<tr><td></td><td colspan="2"></td><td colspan="3"></td></tr>
<tr><td></td><td colspan="2"></td><td colspan="3"></td></tr>
<tr><td></td><td colspan="2"></td><td colspan="3"></td></tr>
<tr><td></td><td colspan="2"></td><td colspan="3"></td></tr>
<tr><td></td><td colspan="2"></td><td colspan="3"></td></tr>
<tr><td></td><td colspan="2"></td><td colspan="3"></td></tr>
<tr><td></td><td colspan="2"></td><td colspan="3"></td></tr>
<tr><td></td><td colspan="2"></td><td colspan="3"></td></tr>
<tr><td></td><td colspan="2"></td><td colspan="3"></td></tr>
<tr><td></td><td colspan="2"></td><td colspan="3"></td></tr>
<tr><td></td><td colspan="2"></td><td colspan="3"></td></tr>
<tr><td rowspan="3">计划评价</td><td>班级</td><td></td><td>第（　　）组</td><td>组长签字</td><td></td></tr>
<tr><td>教师签字</td><td></td><td>日期</td><td colspan="2"></td></tr>
<tr><td colspan="5">评语：</td></tr>
</table>

2.1.5.3 测试验收线路的决策单

<table>
<tr><td>学习场</td><td colspan="3">安装家居照明线路</td></tr>
<tr><td>学习情境 2</td><td>安装一房一厅照明线路</td><td>学时</td><td>5 分钟</td></tr>
<tr><td>典型工作步骤 5
描述</td><td colspan="3">列出安全用电注意事项。教师监护，学生操作，测试验收一房一厅照明线路。</td></tr>
<tr><td colspan="4">计　划　对　比</td></tr>
</table>

序号	可行性	经济性	可操作性	安全性	实施难度	综合评价
1						
2						
3						
4						
5						
6						
7						
8						
9						
10						

<table>
<tr><td rowspan="3">决策评价</td><td>班级</td><td></td><td>第（　　）组</td><td>组长签字</td><td></td></tr>
<tr><td>教师签字</td><td></td><td>日期</td><td colspan="2"></td></tr>
<tr><td colspan="5">评语：</td></tr>
</table>

2.1.5.4　测试验收线路的实施单

学习场	安装家居照明线路		
学习情境 2	安装一房一厅照明线路	学时	15 分钟
典型工作步骤 5 描述	列出安全用电注意事项。教师监护，学生操作，测试验收一房一厅照明线路。		

序号	实 施 步 骤	具体工作内容、作用或注意事项
1	合上实训室总配电箱开关。	房屋内电源箱门上指示灯亮，表示电源正常。
2	确保吸顶灯、镜前灯线路开关断开。	防止带负荷合闸，养成良好的安全用电习惯。
3	合上电源箱总开关。	
4	合上吸顶灯、镜前灯、插座线路电源开关。	
5	检查吸顶灯线路。	依次合上吸顶灯 2 个双控开关，吸顶灯正常亮、灭，实现两地控制一灯。
6	检查镜前灯线路。	分别合上、断开镜前灯开关，镜前灯正常亮、灭，实现单控。
7	检查插座线路。	用电源插座测试仪检查。
8	所有线路合格，断开吸顶灯、镜前灯控制开关。	检查线路合格后，断开吸顶灯、镜前灯控制开关，吸顶灯、镜前灯灭，以防止带负荷拉闸，养成良好的安全用电习惯。
9	断开吸顶灯、镜前灯、插座线路电源开关。	
10	断开电源箱总开关。	断开电源箱总开关和所有线路电源开关。确保拆除线路时，不会带电操作，养成良好的安全用电习惯。
11	测试验收线路结束。	填写照明电路验收表（附录 2）。
12	拆除各线路电源侧火线、零线、地线。	
13	拆除灯具，整理恢复原状归位。	注意找齐灯具的螺丝、固定螺钉。

续表

序号	实 施 步 骤	具体工作内容、作用或注意事项
14	拆除开关、插座，整理恢复原状归位。	注意找齐开关的螺丝、固定螺钉。
15	拆除吸顶灯、镜前灯、插座线路上的导线。	拆除过程，要注意安全，避免操作人员受伤；不要用力过猛，防止损坏管线、板材等。
16	将所有实训设备材料归位，整齐摆放。	
17	清扫工作现场。	

实施说明：教师可根据实训实际现场条件进一步调整、完善具体实施步骤。

<table>
<tr><td rowspan="3">实施评价</td><td>班级</td><td></td><td>第（　　）组</td><td>组长签字</td><td></td></tr>
<tr><td>教师签字</td><td></td><td>日期</td><td colspan="2"></td></tr>
<tr><td colspan="5">评语：</td></tr>
</table>

2.1.5.5　测试验收线路的检查单

<table>
<tr><td colspan="2">学习场</td><td colspan="5">安装家居照明线路</td></tr>
<tr><td colspan="2">学习情境 2</td><td colspan="3">安装一房一厅照明线路</td><td>学时</td><td>5 分钟</td></tr>
<tr><td colspan="2">典型工作步骤 5 描述</td><td colspan="5">列出安全用电注意事项。教师监护，学生操作，测试验收一房一厅照明线路。</td></tr>
<tr><td>序号</td><td>检查项目</td><td colspan="3">检查标准</td><td>学生自查</td><td>教师检查</td></tr>
<tr><td>1</td><td>安全用电常识</td><td colspan="3">能说出 3～5 点安全用电常识。</td><td></td><td></td></tr>
<tr><td>2</td><td>检测电源</td><td colspan="3">会用万用表交流电压挡测量电源电压。</td><td></td><td></td></tr>
<tr><td>3</td><td>测试验收线路操作过程</td><td colspan="3">能正确操作通电过程。</td><td></td><td></td></tr>
<tr><td></td><td></td><td colspan="3"></td><td></td><td></td></tr>
<tr><td></td><td></td><td colspan="3"></td><td></td><td></td></tr>
<tr><td></td><td></td><td colspan="3"></td><td></td><td></td></tr>
<tr><td></td><td></td><td colspan="3"></td><td></td><td></td></tr>
<tr><td></td><td></td><td colspan="3"></td><td></td><td></td></tr>
<tr><td colspan="2" rowspan="3">检查评价</td><td>班级</td><td></td><td>第（　　）组</td><td>组长签字</td><td></td></tr>
<tr><td>教师签字</td><td></td><td>日期</td><td colspan="2"></td></tr>
<tr><td colspan="5">评语：</td></tr>
</table>

2.2　安装一房一厅照明线路评价单

学习场	安装家居照明线路			
学习情境 2	安装一房一厅照明线路		学时	480 分钟
典型工作过程描述	绘制原理图—设计安装位置—安装线路—检查线路—测试验收线路			
评价项目	评价子项目配分	学生自评	组内评价	教师评价
绘制原理图 （10 分）	1. 资讯 2 分；2. 计划 2 分；3. 决策 1 分；4. 实施 3 分；5. 检查 1 分；6. 评价 1 分。			
设计安装位置 （10 分）	1. 资讯 2 分；2. 计划 2 分；3. 决策 1 分；4. 实施 3 分；5. 检查 1 分；6. 评价 1 分。			
安装线路 （35 分）	1. 资讯 5 分；2. 计划 5 分；3. 决策 5 分；4. 实施 10 分；5. 检查 5 分；6. 评价 5 分。			
检查线路 （26 分）	1. 资讯 2 分；2. 计划 4 分；3. 决策 2 分；4. 实施 10 分；5. 检查 6 分；6. 评价 2 分。			
测试验收线路 （19 分）	1. 资讯 2 分；2. 计划 5 分；3. 决策 2 分；4. 实施 6 分；5. 检查 2 分；6. 评价 2 分。			
成绩 （学生签名：　）	1. 资讯 13 分；2. 计划 18 分；3. 决策 11 分；4. 实施 32 分；5. 检查 15 分；6. 评价 11 分。			
评价的评价	班级		第（　）组	组长签字
	教师签字		日期	
	评语：			

2.3 材料工具清单

学习场	安装家居照明线路				
学习情境 2	安装一房一厅照明线路		学时	480 分钟	
典型工作过程描述	绘制原理图—设计安装位置—安装线路—检查线路—测试验收线路				
序号	名　称	作　用	数量	型号规格	使用者
1	镜前灯	照明		灯源长度为 0.61m，T5 普通直管（LED），功率为 10W	
2	吸顶灯	照明		输入电源：220V，50Hz 交流；功率 20W，吸顶节能灯尺寸约为 300mm × 300mm；家装类	
3	BLV 线	导线		直径 2.5mm	
4	1 开双控开关	控制灯具接通或断开电源		86 面板，家装类暗装	
5	1 开 1 控开关	控制灯具接通或断开电源		86 面板，家装类暗装	
6	单相三极插座	给用电器提供电源		86 面板，家装类暗装	
7	开关、插座底盒	固定开关、插座		86 面板，家装类暗装	
8	卡扣	固定底盒		定制，松菱电气	
9	螺丝	固定底盒		固定螺丝	
10	PVC 管	布线		直径 20mm	
11	PVC 直通管接头	两根 PVC 管之间“一”字连接		直径 20mm	
12	PVC 90°两通直角弯管	两根 PVC 管之间直角连接		直径 20mm	

续表

序号	名　称	作　　用	数量	型号规格	使用者
13	电工工具	安装线路		1. 大、小十字螺丝刀一把。 2. 大、小一字螺丝刀一把。 3. 四合一多功能剥线钳（压线钳，剪削钳，去皮钳）。 4. 30cm 钢尺一把。 5. 160mm 规格尖嘴钳一把，斜口钳一把。 6. 电工腰带一根	
14	其他工具	安装线路		1. 剪管刀一把。 2. 万用表一只。 3. ϕ20PVC 弯管弹簧 1 根	
15	尼龙扎带	固定管线		HDS—100M，长度 200mm	
16	电工绝缘胶布	导线绝缘恢复		公牛 PVC 电气绝缘胶带；9m 防水耐高温高压阻燃电工电线彩黑色胶布	
17	兆欧表	测量导线对地、两导线间的绝缘电阻		500V	
18	电源插座测试仪	检测插座接线		GN—J01	

班级		第（　　）组	组长签字	
教师签字		日期		

学习情境 2-37

2.4 教学反馈单

<table>
<tr><td>学习场</td><td colspan="4">安装家居照明线路</td></tr>
<tr><td>学习情境 2</td><td colspan="2">安装一房一厅照明线路</td><td>学时</td><td>480 分钟</td></tr>
<tr><td>典型工作过程描述</td><td colspan="4">绘制原理图—设计安装位置—安装线路—检查线路—测试验收线路</td></tr>
<tr><td rowspan="10">调查项目</td><td>序号</td><td colspan="2">调 查 内 容</td><td>理由描述</td></tr>
<tr><td></td><td colspan="2"></td><td></td></tr>
<tr><td></td><td colspan="2"></td><td></td></tr>
<tr><td></td><td colspan="2"></td><td></td></tr>
<tr><td></td><td colspan="2"></td><td></td></tr>
<tr><td></td><td colspan="2"></td><td></td></tr>
<tr><td></td><td colspan="2"></td><td></td></tr>
<tr><td></td><td colspan="2"></td><td></td></tr>
<tr><td></td><td colspan="2"></td><td></td></tr>
<tr><td></td><td colspan="2"></td><td></td></tr>
<tr><td colspan="5">您对本次课程教学的改进意见：</td></tr>
<tr><td>调查信息</td><td>被调查人姓名</td><td></td><td>调查日期</td><td></td></tr>
</table>

学习情境 3

安装两房两厅照明线路

案例 7
亮丽内蒙古——“北疆工匠”邢岗

案例 8
世界第一条磁悬浮列车示范运营线——上海磁悬浮列车

案例 9
踏遍神州送光明——王开库

3.0 学习性工作任务单

学习场	安装家居照明线路				
学习情境 3	安装两房两厅照明线路		学时		960 分钟
典型工作过程描述	绘制原理图—设计安装位置—安装线路—检查线路—测试验收线路				
学习目标	1. 能敷设两房两厅照明线路。 2. 遵守电气工程施工规范。 3. 树立安全用电意识。				
任务描述	1. 根据给定的电源箱系统图（附图 3.1），绘制两房两厅照明线路工作原理图、平面布置图和安装接线图。 2. 在两房两厅（长 3000mm、宽 1500mm、高 2400mm 的套房，墙壁全部采用 2mm 的镀锌网孔板）居室内进行照明线路暗线布置安装。 要求：①两房两厅每间房间需配置一独立电源开关供电的照明灯具，且至少有一照明能实现两地控制；②两房两厅居室需配置普通插座和空调插座各一个；③根据给定的要求，自由设计房间照明线路和插座安装位置并进行暗线敷设；④要求 2 天内完成任务；⑤可选的灯具、开关见附表 3.8。				
学时安排	资讯 50 分钟	计划 100 分钟	决策 25 分钟	实施 710 分钟	检查 50 分钟	评价 25 分钟
对学生的要求	1. 实训前必须熟悉工作任务单和教学引导文。 2. 按时、按步骤完成当天的实训任务。 3. 实训室应保持肃静，组员间沟通讨论应低音交流，不得谈笑喧哗，不许搞其他动作，以免影响他人实训。 4. 实训过程中，不得抄写他人的实训记录，否则，须重做。如有疑问，应向指导教师询问清楚后方可进行。 5. 每天安排值日生负责打扫实训室，保持室内整洁，注意关上电源、门窗。				
参考资料	《房屋建筑制图统一标准》（GB/T 50001—2017） 《建筑电气工程施工质量验收规范》（GB 50303—2015）				

3.1　教学引导文

学习场	安装家居照明线路	学习情境 3	安装两房两厅照明线路	参照系	工作内容：两房两厅居室内进行照明线路暗线布置安装。	
普适性工作过程 典型工作过程	资讯	计划	决策	实施	检查	评价
绘制原理图	确定工作岗位人员；根据给定的系统图（附图 3.1）和要求绘制两房两厅照明线路工作原理图，即一共画出 4 个照明回路、2 个插座回路的工作原理图，完成 3.1.1.1 绘制原理图的资讯单。	通过小组讨论和咨询专家等，拟定绘制两房两厅照明线路工作原理图的计划，完成 3.1.1.2 绘制原理图的计划单。	从可行性、经济性、可操作性、实施难易程度进行分析、比较、判断各计划的优点与不足，加以评分，选出最优计划。	通过小组讨论等，画出两房两厅照明线路的工作原理图，完成 3.1.1.4 绘制原理图的实施单。	按照 3.1.1.5 绘制原理图的检查单中的检查项目和检查标准，进行学生自查和教师检查。	根据评价子项目配分，进行自评、互评和教师评价，填写 3.2 安装两房两厅照明线路评价单。
设计安装位置	现场勘察给定两房两厅结构尺寸，确定每一个房间使用的灯具及其开关，提出灯具、开关和插座可安装的位置，完成 3.1.2.1 设计安装位置的资讯单。	通过小组讨论等，编制两房两厅照明线路的定位计划，完成 3.1.2.2 设计安装位置的计划单。	从可行性、经济性、可操作性、安全性、实施难易程度进行分析、比较、判断各计划的优点与不足，加以评分，选出最优计划。	现场勘察，小组讨论，根据现场从电源箱处暗敷输出管的实际位置进行最优布置，画出小组最终确定的两房两厅照明线路平面布置图。安装高度说明： 开关安装距地 1.2～1.4m；因受工位实际情况限制，开关距门框不作要求；空调插座底边距地 2m，普通插座底边距地 0.3m；镜前灯、壁灯灯座距地 1.8m，其他灯具按吸顶安装。	按照 3.1.2.5 设计安装位置的检查单中的检查项目和检查标准，进行学生自查和教师检查。	根据评价子项目配分，进行自评、互评和教师评价，填写 3.2 安装两房两厅照明线路评价单。

续表

学习场	安装家居照明线路	学习情境3	安装两房两厅照明线路	参照系	工作内容：两房两厅居室内进行照明线路暗线布置安装。	
普适性工作过程 / 典型工作过程	资讯	计划	决策	实施	检查	评价
安装线路	确定各工作岗位人员。在两房两厅（长3000mm、宽1500mm、高2400mm的套房，墙壁全部采用2mm的镀锌网孔板）居室内进行照明线路暗线布置安装，根据确定的平面布置图，绘制安装接线图，回答暗敷设的优缺点，完成3.1.3.1安装线路的资讯单。	通过小组讨论等，编制两房两厅照明线路的安装计划，填报施工进度计划表（附录4），完成3.1.3.2安装线路的计划单。	从可行性、经济性、可操作性、安全性、实施难易程度进行分析、比较、判断各计划的优点与不足，加以评分，选出最优计划。	根据安装接线图，填写设备材料工具清单，由物料员领取灯具、管线和其他辅料，先固定开关、插座底盒和灯座，再布置和固定PVC管，利用穿线器穿好各回路的火线、零线、地线，连接开关插座，完成线路安装。	按照3.1.3.5安装线路的检查单中的检查项目和检查标准，进行学生自查和教师检查。	根据评价子项目配分，进行自评、互评和教师评价，填写3.2安装两房两厅照明线路评价单。
检查线路	万用表欧姆挡可测量线路通断与否。兆欧表可测量绝缘电阻；一般情况下，导线、设备对地绝缘电阻，导线间、设备间、导线与设备间绝缘电阻均大于等于0.5MΩ，满足通电条件。	通过小组讨论等，编制两房两厅照明线路检查计划，完成3.1.4.2检查线路的计划单。	从可行性、经济性、可操作性、安全性、实施难易程度进行分析、比较、判断各计划的优点与不足，加以评分，选出最优计划。	用万用表欧姆挡×1挡，检测安装的照明线路能否实现设计要求。用兆欧表测量火线对地绝缘电阻、零线对地绝缘电阻和火线与零线间的绝缘电阻。	按照3.1.4.5检查线路的检查单中的检查项目和检查标准，进行学生自查和教师检查。	根据评价子项目配分，进行自评、互评和教师评价，填写3.2安装两房两厅照明线路评价单。

续表

学习场	安装家居照明线路	学习情境 3	安装两房两厅照明线路	参照系	工作内容：两房两厅居室内进行照明线路暗线布置安装。	
普适性工作过程 典型工作过程	资讯	计划	决策	实施	检查	评价
测试验收线路	通过网上查询和小组讨论等，列出安全用电注意事项。教师作为监护人，同学作为操作人，通过实训室总配电箱—分配电箱（房间电源箱）提供电源，接通两房两厅线路，进行测试验收线路。	通过小组讨论等，编制两房两厅照明线路测试验收线路计划，完成 3.1.5.2 测试验收线路的计划单。	从可行性、经济性、可操作性、安全性、实施难易程度进行分析、比较、判断各计划的优点与不足，加以评分，选出最优计划。	依次通电检查各照明线路、插座线路，完成测试验收线路，填写照明电路验收表（附录 2）。最后进行工作环境整理、整顿、清扫、清洁工作。	按照 3.1.5.5 测试验收线路的检查单中的检查项目和检查标准，进行学生自查和教师检查。	根据评价子项目配分，进行自评、互评和教师评价，填写 3.2 安装两房两厅照明线路评价单。

3.1.1　绘制原理图

3.1.1.1　绘制原理图的资讯单

<table>
<tr><td>学习场</td><td colspan="3">安装家居照明线路</td></tr>
<tr><td>学习情境 3</td><td>安装两房两厅照明线路</td><td>学时</td><td>5 分钟</td></tr>
<tr><td>典型工作步骤 1
描述</td><td colspan="3">根据给定的系统图，绘制 4 个照明线路和 2 个插座线路的工作原理图。</td></tr>
<tr><td>搜集资讯的方式</td><td colspan="3">上网查询、小组座谈</td></tr>
<tr><td>资讯描述</td><td colspan="3">1. 填写岗位分配表（表 2.3.1）
表 2.3.1　岗 位 分 配 表
<table>
<tr><th>类别</th><th>岗位</th><th>人数</th><th>姓名</th><th>备　注</th></tr>
<tr><td>班组长</td><td>组长</td><td>1</td><td></td><td>负责小组的组织与管理</td></tr>
<tr><td>设计</td><td>设计员</td><td></td><td></td><td>负责小组照明线路的设计</td></tr>
<tr><td>绘图</td><td>绘图员</td><td></td><td></td><td>负责小组照明线路的绘制</td></tr>
</table>
2. 绘制</td></tr>
<tr><td>对学生的要求</td><td colspan="3">网上查询相关知识，如有疑问，先组内交流，最后向指导教师咨询。</td></tr>
<tr><td>参考资料</td><td colspan="3"></td></tr>
</table>

3.1.1.2　绘制原理图的计划单

学习场	安装家居照明线路		
学习情境 3	安装两房两厅照明线路	学时	5 分钟
典型工作步骤 1 描述	根据给定的系统图，绘制 4 个照明线路和 2 个插座线路的工作原理图。		
计划制订的方式	小组讨论、咨询专家		

序号	工 作 步 骤	注 意 事 项
1	准备画图工具。	
2	确定灯和开关图形符号。	
3	确定灯和开关布局，并在纸上画出图形符号。	
4	绘制两地控制一吸顶灯线路工作原理图。	强化两个双控开关实现两地控制一灯的正确接线。
5	绘制 3 个单控镜前灯线路工作原理图。	
6	绘制 1 个普通插座线路工作原理图。	
7	绘制 1 个空调插座线路工作原理图。	

计划评价	班级		第（　　）组	组长签字	
	教师签字		日期		
	评语：				

学习情境 3-6

3.1.1.3　绘制原理图的决策单

<table>
<tr><td>学习场</td><td colspan="6">安装家居照明线路</td></tr>
<tr><td>学习情境 3</td><td colspan="4">安装两房两厅照明线路</td><td>学时</td><td>5 分钟</td></tr>
<tr><td>典型工作步骤 1 描述</td><td colspan="6">根据给定的系统图，绘制 4 个照明线路和 2 个插座线路的工作原理图。</td></tr>
<tr><td colspan="7">计　划　对　比</td></tr>
<tr><td>序号</td><td>可行性</td><td>经济性</td><td>可操作性</td><td>实施难度</td><td colspan="2">综合评价</td></tr>
<tr><td>1</td><td></td><td></td><td></td><td></td><td colspan="2"></td></tr>
<tr><td>2</td><td></td><td></td><td></td><td></td><td colspan="2"></td></tr>
<tr><td>3</td><td></td><td></td><td></td><td></td><td colspan="2"></td></tr>
<tr><td>4</td><td></td><td></td><td></td><td></td><td colspan="2"></td></tr>
<tr><td>5</td><td></td><td></td><td></td><td></td><td colspan="2"></td></tr>
<tr><td>6</td><td></td><td></td><td></td><td></td><td colspan="2"></td></tr>
<tr><td>7</td><td></td><td></td><td></td><td></td><td colspan="2"></td></tr>
<tr><td>8</td><td></td><td></td><td></td><td></td><td colspan="2"></td></tr>
<tr><td>9</td><td></td><td></td><td></td><td></td><td colspan="2"></td></tr>
<tr><td>10</td><td></td><td></td><td></td><td></td><td colspan="2"></td></tr>
<tr><td rowspan="3">决策评价</td><td>班级</td><td></td><td>第（　　）组</td><td>组长签字</td><td colspan="2"></td></tr>
<tr><td>教师签字</td><td></td><td>日期</td><td colspan="3"></td></tr>
<tr><td colspan="6">评语：</td></tr>
</table>

3.1.1.4　绘制原理图的实施单

<table>
<tr><td>学习场</td><td colspan="4">安装家居照明线路</td></tr>
<tr><td>学习情境 3</td><td colspan="2">安装两房两厅照明线路</td><td>学时</td><td>20 分钟</td></tr>
<tr><td>典型工作步骤 1 描述</td><td colspan="4">根据给定的系统图，绘制 4 个照明线路和 2 个插座线路的工作原理图。</td></tr>
</table>

<table>
<tr><td>序号</td><td>实 施 步 骤</td><td>工 作 原 理 图</td></tr>
<tr><td>1</td><td></td><td rowspan="11"></td></tr>
<tr><td>2</td><td></td></tr>
<tr><td>3</td><td></td></tr>
<tr><td>4</td><td></td></tr>
<tr><td>5</td><td></td></tr>
<tr><td>6</td><td></td></tr>
<tr><td>7</td><td></td></tr>
<tr><td></td><td></td></tr>
<tr><td></td><td></td></tr>
<tr><td></td><td></td></tr>
<tr><td></td><td></td></tr>
<tr><td colspan="3">实施说明：</td></tr>
</table>

<table>
<tr><td rowspan="3">实施评价</td><td>班级</td><td></td><td>第（　　）组</td><td>组长签字</td></tr>
<tr><td>教师签字</td><td></td><td>日期</td><td></td></tr>
<tr><td colspan="4">评语：</td></tr>
</table>

3.1.1.5　绘制原理图的检查单

<table>
<tr><td colspan="2">学习场</td><td colspan="4">安装家居照明线路</td></tr>
<tr><td colspan="2">学习情境3</td><td colspan="2">安装两房两厅照明线路</td><td>学时</td><td>10分钟</td></tr>
<tr><td colspan="2">典型工作步骤1描述</td><td colspan="4">根据给定的系统图，绘制4个照明线路和2个插座线路的工作原理图。</td></tr>
<tr><td>序号</td><td colspan="2">检查项目</td><td>检查标准</td><td>学生自查</td><td>教师检查</td></tr>
<tr><td>1</td><td colspan="2">1开双控开关结构</td><td>能说出1开双控开关由1个动触点和2个静触点组成。</td><td></td><td></td></tr>
<tr><td>2</td><td colspan="2">两地控制一灯线路原理图</td><td>能画出两地控制一灯线路原理图。</td><td></td><td></td></tr>
<tr><td>3</td><td colspan="2">空调插座线路原理图</td><td>能画出空调插座线路原理图。</td><td></td><td></td></tr>
<tr><td></td><td colspan="2"></td><td></td><td></td><td></td></tr>
<tr><td></td><td colspan="2"></td><td></td><td></td><td></td></tr>
<tr><td></td><td colspan="2"></td><td></td><td></td><td></td></tr>
<tr><td></td><td colspan="2"></td><td></td><td></td><td></td></tr>
<tr><td rowspan="3">检查评价</td><td>班级</td><td></td><td>第（　　）组</td><td>组长签字</td><td></td></tr>
<tr><td>教师签字</td><td></td><td>日期</td><td colspan="2"></td></tr>
<tr><td colspan="5">评语：</td></tr>
</table>

3.1.2　设计安装位置

3.1.2.1　设计安装位置的资讯单

学习场	安装家居照明线路		
学习情境 3	安装两房两厅照明线路	学时	15 分钟
典型工作步骤 2 描述	设计长 3000mm、宽 1500mm、高 2400mm 两房两厅的套房内照明线路开关、插座和灯具的安装位置。		
搜集资讯的方式	（学生填）		
资讯描述	确定每一个房间使用的灯具及其开关，用简图表示小组提出的所有平面布置图。（学生填）		
对学生的要求	如有疑问，先组内交流，最后向指导教师咨询。		
参考资料			

学习情境 3-10

3.1.2.2　设计安装位置的计划单

<table>
<tr><td colspan="2">学习场</td><td colspan="5">安装家居照明线路</td></tr>
<tr><td colspan="2">学习情境 3</td><td colspan="3">安装两房两厅照明线路</td><td>学时</td><td>15 分钟</td></tr>
<tr><td colspan="2">典型工作步骤 2 描述</td><td colspan="5">设计长 3000mm、宽 1500mm、高 2400mm 两房两厅的套房内照明线路开关、插座和灯具的安装位置。</td></tr>
<tr><td colspan="2">计划制订的方式</td><td colspan="5">小组讨论、咨询老师</td></tr>
<tr><td>序号</td><td colspan="3">工 作 步 骤</td><td colspan="3">注 意 事 项</td></tr>
<tr><td></td><td colspan="3"></td><td colspan="3" rowspan="9"></td></tr>
<tr><td></td><td colspan="3"></td></tr>
<tr><td></td><td colspan="3"></td></tr>
<tr><td></td><td colspan="3"></td></tr>
<tr><td></td><td colspan="3"></td></tr>
<tr><td></td><td colspan="3"></td></tr>
<tr><td></td><td colspan="3"></td></tr>
<tr><td></td><td colspan="3"></td></tr>
<tr><td></td><td colspan="3"></td></tr>
<tr><td colspan="2" rowspan="3">计划评价</td><td>班级</td><td></td><td>第（　　）组</td><td>组长签字</td><td></td></tr>
<tr><td>教师签字</td><td></td><td>日期</td><td colspan="2"></td></tr>
<tr><td colspan="5">评语：</td></tr>
</table>

3.1.2.3　设计安装位置的决策单

<table>
<tr><td>学习场</td><td colspan="6">安装家居照明线路</td></tr>
<tr><td>学习情境 3</td><td colspan="4">安装两房两厅照明线路</td><td>学时</td><td>5 分钟</td></tr>
<tr><td>典型工作步骤 2 描述</td><td colspan="6">设计长 3000mm、宽 1500mm、高 2400mm 两房两厅的套房内照明线路开关、插座和灯具的安装位置。</td></tr>
<tr><td colspan="7">计　划　对　比</td></tr>
<tr><td>序号</td><td>可行性</td><td>经济性</td><td>可操作性</td><td>安全性</td><td>实施难度</td><td>综合评价</td></tr>
<tr><td>1</td><td></td><td></td><td></td><td></td><td></td><td></td></tr>
<tr><td>2</td><td></td><td></td><td></td><td></td><td></td><td></td></tr>
<tr><td>3</td><td></td><td></td><td></td><td></td><td></td><td></td></tr>
<tr><td>4</td><td></td><td></td><td></td><td></td><td></td><td></td></tr>
<tr><td>5</td><td></td><td></td><td></td><td></td><td></td><td></td></tr>
<tr><td>6</td><td></td><td></td><td></td><td></td><td></td><td></td></tr>
<tr><td>7</td><td></td><td></td><td></td><td></td><td></td><td></td></tr>
<tr><td>8</td><td></td><td></td><td></td><td></td><td></td><td></td></tr>
<tr><td>9</td><td></td><td></td><td></td><td></td><td></td><td></td></tr>
<tr><td>10</td><td></td><td></td><td></td><td></td><td></td><td></td></tr>
<tr><td rowspan="3">决策评价</td><td>班级</td><td></td><td>第（　　）组</td><td>组长签字</td><td colspan="2"></td></tr>
<tr><td>教师签字</td><td></td><td>日期</td><td colspan="3"></td></tr>
<tr><td colspan="6">评语：</td></tr>
</table>

学习情境 3-12

3.1.2.4　设计安装位置的实施单

学习场	安装家居照明线路		
学习情境 3	安装两房两厅照明线路	学时	20 分钟
典型工作步骤 2 描述	设计长 3000mm、宽 1500mm、高 2400mm 两房两厅的套房内照明线路开关、插座和灯具的安装位置。		

序号	实 施 步 骤	注 意 事 项
		根据现场从电源箱处暗敷输出管的实际位置进行最优布置。

实施说明：

1. 在房屋结构图（图 2.3.1）中，画出小组最终设计的两房两厅照明线路平面布置图。

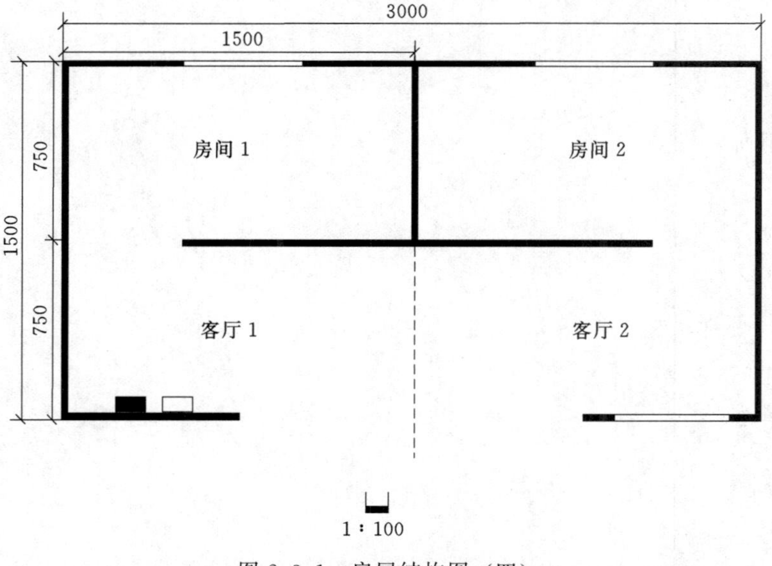

图 2.3.1　房屋结构图（四）

续表

<table>
<tr><td colspan="7">2. 安装高度说明。
(1) 开关安装距地 1.2～1.4m；因受工位实际情况限制，开关距门框不作要求。
(2) 空调插座底边距地 2m，普通插座底边距地 0.3m。
(3) 镜前灯、壁灯灯座距地 1.8m，其他灯具按吸顶安装。</td></tr>
<tr><td rowspan="3">实施评价</td><td>班级</td><td></td><td>第（　　）组</td><td>组长签字</td><td colspan="2"></td></tr>
<tr><td>教师签字</td><td></td><td>日期</td><td colspan="3"></td></tr>
<tr><td colspan="6">评语：</td></tr>
</table>

3.1.2.5 设计安装位置的检查单

<table>
<tr><td>学习场</td><td colspan="5">安装家居照明线路</td></tr>
<tr><td>学习情境3</td><td colspan="3">安装两房两厅照明线路</td><td>学时</td><td>10分钟</td></tr>
<tr><td>典型工作步骤2
描述</td><td colspan="5">设计长3000mm、宽1500mm、高2400mm两房两厅的套房内照明线路开关、插座和灯具的安装位置。</td></tr>
<tr><td>序号</td><td>检查项目</td><td colspan="2">检查标准</td><td>学生自查</td><td>教师检查</td></tr>
<tr><td>1</td><td>单管日光（镜前灯）图形符号</td><td colspan="2">能画出单管日光（镜前灯）图形符号。</td><td></td><td></td></tr>
<tr><td>2</td><td>吸顶灯图形符号</td><td colspan="2">能画出吸顶灯图形符号。</td><td></td><td></td></tr>
<tr><td>3</td><td>暗装单极开关图形符号</td><td colspan="2">能画出暗装单极开关图形符号。</td><td></td><td></td></tr>
<tr><td>4</td><td>暗装双控开关图形符号</td><td colspan="2">能画出暗装双控开关图形符号。</td><td></td><td></td></tr>
<tr><td>5</td><td>暗装单相三极插座（带接地）图形符号</td><td colspan="2">能画出暗装单相三极插座（带接地）图形符号。</td><td></td><td></td></tr>
<tr><td rowspan="3">检查评价</td><td>班级</td><td></td><td>第（ ）组</td><td>组长签字</td><td></td></tr>
<tr><td>教师签字</td><td></td><td>日期</td><td colspan="2"></td></tr>
<tr><td colspan="5">评语：</td></tr>
</table>

3.1.3　安装线路

3.1.3.1　安装线路的资讯单

<table>
<tr><td>学习场</td><td colspan="3">安装家居照明线路</td></tr>
<tr><td>学习情境 3</td><td>安装两房两厅照明线路</td><td>学时</td><td>20 分钟</td></tr>
<tr><td>典型工作步骤 3 描述</td><td colspan="3">在长 3000mm、宽 1500mm、高 2400mm 两房两厅的套房内，根据自行设计的平面布置图和安装接线图，进行照明线路暗线布置安装。</td></tr>
<tr><td>搜集资讯的方式</td><td colspan="3">查阅图书资料、搜索网络、小组座谈等</td></tr>
<tr><td>资讯描述</td><td colspan="3">1. 确定各工作岗位人员（表 2.3.2）。
表 2.3.2　岗 位 分 配 表
<table>
<tr><th>类别</th><th>岗位</th><th>人数</th><th>姓名</th><th>备　　注</th></tr>
<tr><td>班组长</td><td>组长</td><td>1</td><td></td><td>负责小组的组织与管理</td></tr>
<tr><td>安全</td><td>安全员</td><td>1</td><td></td><td>负责小组实训过程中的相关安全问题的预测与保障</td></tr>
<tr><td>设计</td><td>设计员</td><td>1</td><td></td><td>负责小组照明线路设计及绘制</td></tr>
<tr><td>施工</td><td>施工员</td><td>1</td><td></td><td>负责小组照明线路的安装</td></tr>
<tr><td>物料</td><td>物料员</td><td>1</td><td></td><td>负责小组施工物料的管理</td></tr>
<tr><td>监理</td><td>监理员</td><td>1</td><td></td><td>负责监察实施步骤执行情况</td></tr>
</table>
（1）设：一个班 45 人，分为 8 个小组，每个小组 5～6 人。若人员有浮动可根据实际情况调节人数（可设兼职）。
（2）每个班组按照岗位不同，进行分工协作，共同完成分配的任务。
（3）教学过程中，以任务为导向，以团队为基本单元，开展课堂组织与工作实施。
2. 在两房两厅居室内进行照明线路暗线布置安装，根据确定的平面布置图，在下面的房屋结构图（图 2.3.2）中绘制安装接线图。</td></tr>
</table>

续表

<table>
<tr><td>资讯描述</td><td>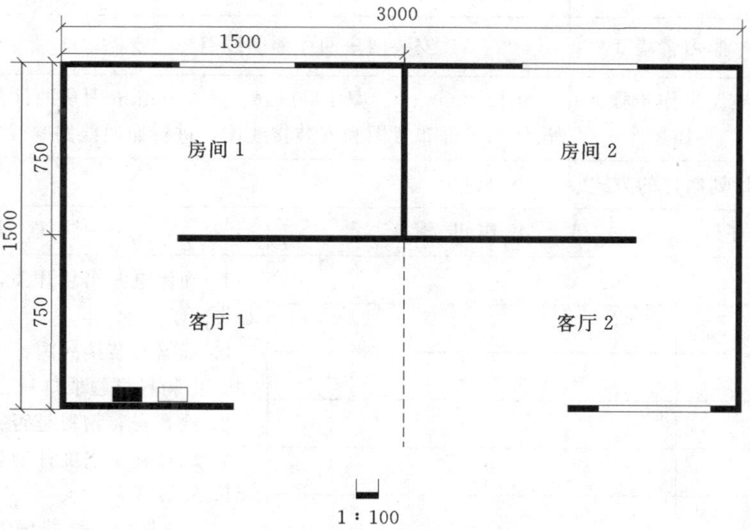

图 2.3.2　房屋结构图（五）

3. 暗敷设布线的优缺点。

2.3.1　客厅照明线路安装接线图　　2.3.2　客厅网线、电话线安装接线图</td></tr>
<tr><td>对学生的要求</td><td>如有疑问，先组内交流，最后向指导教师咨询。</td></tr>
<tr><td>参考资料</td><td></td></tr>
</table>

3.1.3.2　安装线路的计划单

<table>
<tr><td>学习场</td><td colspan="4">安装家居照明线路</td></tr>
<tr><td>学习情境 3</td><td colspan="2">安装两房两厅照明线路</td><td>学时</td><td>30 分钟</td></tr>
<tr><td>典型工作步骤 3 描述</td><td colspan="4">在长 3000mm、宽 1500mm、高 2400mm 两房两厅的套房内，根据自行设计的平面布置图和安装接线图，进行照明线路暗线布置安装。</td></tr>
<tr><td>计划制订的方式</td><td colspan="4">小组讨论</td></tr>
<tr><td>序号</td><td>工 作 步 骤</td><td colspan="3">注 意 事 项</td></tr>
<tr><td></td><td></td><td colspan="3">1. 确保电源箱总开关，各分支电源开关均已断开。
2. 根据安装接线图，填写设备材料工具清单，由物料员领取灯具、管线和其他辅料。
3. 检查安装物料是否完好，可用。
4. 编报施工进度计划表（附录 4）。
5. 安装线路。
(1) 根据安装接线图和安装高度说明，确定灯具、插座、开关、配电箱等设备的水平位置和高度，固定开关、插座底盒和灯座。
(2) 确定每个回路导线敷设 PVC 管的路径（编写工作步骤时，应能体现确定客厅 1、客厅 2、房间 1、房间 2、普通插座、空调插座线路管道路径的先后顺序）。
(3) 管道拐弯处进行弯管。
(4) 敷设管道（编写工作步骤时，应能体现敷设客厅 1、客厅 2、房间 1、房间 2、普通插座、空调插座线路管道的先后顺序）。
(5) 扫管穿线（编写工作步骤时，应能体现客厅 1、客厅 2、房间 1、房间 2、普通插座、空调插座线路穿线的先后顺序）。
(6) 连接导线及分支（编写工作步骤时，应能体现连接客厅 1、客厅 2、房间 1、房间 2、普通插座、空调插座线路的先后顺序）。
(7) 完成灯座、插座、开关的接线。</td></tr>
</table>

<table>
<tr><td rowspan="3">计划评价</td><td>班级</td><td></td><td>第（　　）组</td><td>组长签字</td><td></td></tr>
<tr><td>教师签字</td><td></td><td>日期</td><td colspan="2"></td></tr>
<tr><td colspan="5">评语：</td></tr>
</table>

3.1.3.3　安装线路的决策单

<table>
<tr><td>学习场</td><td colspan="8">安装家居照明线路</td></tr>
<tr><td>学习情境 3</td><td colspan="4">安装两房两厅照明线路</td><td colspan="2">学时</td><td colspan="2">5 分钟</td></tr>
<tr><td>典型工作步骤 3 描述</td><td colspan="8">在长 3000mm、宽 1500mm、高 2400mm 两房两厅的套房内，根据自行设计的平面布置图和安装接线图，进行照明线路暗线布置安装。</td></tr>
<tr><td colspan="9">计　划　对　比</td></tr>
<tr><td>序号</td><td>可行性</td><td>经济性</td><td>可操作性</td><td>安全性</td><td colspan="2">实施难度</td><td colspan="2">综合评价</td></tr>
<tr><td>1</td><td></td><td></td><td></td><td></td><td colspan="2"></td><td colspan="2"></td></tr>
<tr><td>2</td><td></td><td></td><td></td><td></td><td colspan="2"></td><td colspan="2"></td></tr>
<tr><td>3</td><td></td><td></td><td></td><td></td><td colspan="2"></td><td colspan="2"></td></tr>
<tr><td>4</td><td></td><td></td><td></td><td></td><td colspan="2"></td><td colspan="2"></td></tr>
<tr><td>5</td><td></td><td></td><td></td><td></td><td colspan="2"></td><td colspan="2"></td></tr>
<tr><td>6</td><td></td><td></td><td></td><td></td><td colspan="2"></td><td colspan="2"></td></tr>
<tr><td>7</td><td></td><td></td><td></td><td></td><td colspan="2"></td><td colspan="2"></td></tr>
<tr><td>8</td><td></td><td></td><td></td><td></td><td colspan="2"></td><td colspan="2"></td></tr>
<tr><td>9</td><td></td><td></td><td></td><td></td><td colspan="2"></td><td colspan="2"></td></tr>
<tr><td>10</td><td></td><td></td><td></td><td></td><td colspan="2"></td><td colspan="2"></td></tr>
<tr><td rowspan="3">决策评价</td><td>班级</td><td></td><td colspan="2">第（　　）组</td><td colspan="2">组长签字</td><td colspan="2"></td></tr>
<tr><td>教师签字</td><td></td><td colspan="2">日期</td><td colspan="4"></td></tr>
<tr><td colspan="8">评语：</td></tr>
</table>

学习情境
3-19

3.1.3.4　安装线路的实施单

<table>
<tr><td colspan="2">学习场</td><td colspan="5">安装家居照明线路</td></tr>
<tr><td colspan="2">学习情境3</td><td colspan="3">安装两房两厅照明线路</td><td>学时</td><td>610分钟</td></tr>
<tr><td colspan="2">典型工作步骤3描述</td><td colspan="5">在长3000mm、宽1500mm、高2400mm两房两厅的套房内，根据自行设计的平面布置图和安装接线图，进行照明线路暗线布置安装。</td></tr>
<tr><td>序号</td><td colspan="3">实施步骤</td><td colspan="3">注意事项</td></tr>
<tr><td></td><td colspan="3"></td><td colspan="3" rowspan="17">1. 注意领用的灯具是否要接地线；面对插座面板，遵守“左零右火接地在上”原则接线。
2. 着装规范。应穿实训服、运动鞋施工。不允许穿拖鞋、打赤脚、打赤膊、穿裙子、穿短装、披头散发等施工。
3. 注意施工安全。不允许将工具放置在房屋配电箱箱内、顶上和房屋屋顶梁、柱等高处；任何人不允许坐在房屋屋顶梁、柱等高处；站在凳子上和梯子上安装施工时，安全员必须站在旁边看护；在施工过程中，不得私自通电试验。
4. 文明施工。组员间沟通讨论应低音交流，不得谈笑喧哗，不许打闹。
5. 安装材料的使用，应在不影响安装结果的前提下注意节约，杜绝浪费。
6. 安装过程如有设备破损须报告指导教师，并填写设备损坏登记簿。
7. 安装完毕后，须将设备和用具等整理清洁，按原来的位置摆设放置，清扫工作现场。</td></tr>
<tr><td></td><td colspan="3"></td></tr>
<tr><td></td><td colspan="3"></td></tr>
<tr><td></td><td colspan="3"></td></tr>
<tr><td></td><td colspan="3"></td></tr>
<tr><td></td><td colspan="3"></td></tr>
<tr><td></td><td colspan="3"></td></tr>
<tr><td></td><td colspan="3"></td></tr>
<tr><td></td><td colspan="3"></td></tr>
<tr><td></td><td colspan="3"></td></tr>
<tr><td></td><td colspan="3"></td></tr>
<tr><td></td><td colspan="3"></td></tr>
<tr><td></td><td colspan="3"></td></tr>
<tr><td></td><td colspan="3"></td></tr>
<tr><td></td><td colspan="3"></td></tr>
<tr><td></td><td colspan="3"></td></tr>
<tr><td></td><td colspan="3"></td></tr>
<tr><td colspan="7">实施说明：</td></tr>
<tr><td colspan="2" rowspan="3">实施评价</td><td>班级</td><td></td><td>第（　　）组</td><td>组长签字</td><td></td></tr>
<tr><td>教师签字</td><td></td><td>日期</td><td colspan="2"></td></tr>
<tr><td colspan="5">评语：</td></tr>
</table>

3.1.3.5　安装线路的检查单

<table>
<tr><td colspan="2">学习场</td><td colspan="4">安装家居照明线路</td></tr>
<tr><td colspan="2">学习情境 3</td><td colspan="2">安装两房两厅照明线路</td><td>学时</td><td>10 分钟</td></tr>
<tr><td colspan="2">典型工作步骤 3 描述</td><td colspan="4">在长 3000mm、宽 1500mm、高 2400mm 两房两厅的套房内，根据自行设计的平面布置图和安装接线图，进行照明线路暗线布置安装。</td></tr>
<tr><td>序号</td><td>检查项目</td><td colspan="2">检查标准</td><td>学生自查</td><td>教师检查</td></tr>
<tr><td>1</td><td>照明线路接线原则</td><td colspan="2">火线进开关，零线进灯头。</td><td></td><td></td></tr>
<tr><td>2</td><td>两地控制一吸顶灯线路</td><td colspan="2">能在安装现场指出两地控制一灯安装线路火线和零线走向。</td><td></td><td></td></tr>
<tr><td>3</td><td>暗装单相三极插座接线原则</td><td colspan="2">左零右火接地在上。</td><td></td><td></td></tr>
<tr><td></td><td></td><td colspan="2"></td><td></td><td></td></tr>
<tr><td></td><td></td><td colspan="2"></td><td></td><td></td></tr>
<tr><td></td><td></td><td colspan="2"></td><td></td><td></td></tr>
</table>

<table>
<tr><td rowspan="3">检查评价</td><td>班级</td><td></td><td>第（　　）组</td><td>组长签字</td><td></td></tr>
<tr><td>教师签字</td><td></td><td>日期</td><td colspan="2"></td></tr>
<tr><td colspan="5">评语：</td></tr>
</table>

3.1.4 检查线路

3.1.4.1 检查线路的资讯单

学习场	安装家居照明线路		
学习情境3	安装两房两厅照明线路	学时	5分钟
典型工作步骤4描述	用万用表欧姆挡检查两房两厅所有照明线路能否实现设计要求。用兆欧表测量绝缘电阻，检查导线和设备对地绝缘电阻，以及导线间、设备间、导线与设备间绝缘电阻是否大于等于0.5MΩ，满足通电条件。		
搜集资讯的方式	（学生填写）		
资讯描述	（学生填写）		
对学生的要求			
参考资料			

3.1.4.2　检查线路的计划单

学习场	安装家居照明线路		
学习情境 3	安装两房两厅照明线路	学时	20 分钟
典型工作步骤 4 描述	用万用表欧姆挡检查两房两厅所有照明线路能否实现设计要求。用兆欧表测量绝缘电阻，检查导线和设备对地绝缘电阻，以及导线间、设备间、导线与设备间绝缘电阻是否大于等于 0.5MΩ，满足通电条件。		
计划制订的方式	小组讨论		

序号	工 作 步 骤	注 意 事 项
检查线路是否满足设计要求：		

续表

序号	工作步骤	注意事项
进行线路绝缘电阻测试（线路已满足设计要求）：		
		1. 确保兆欧表是良好的。 2. 顺时针由慢而快转动兆欧表手柄，转速达 120r/min 左右时，保持匀速转动，1min 后边摇边读数，绝缘电阻大于等于 0.5MΩ 时为合格。测量完毕，边慢摇边拆线，然后将被测设备放电。兆欧表未停止转动之前或被测设备未放电之前，严禁用手触及。拆线时，也不要触及导线金属部分。

计划评价	班级		第（　　）组	组长签字	
	教师签字		日期		
	评语：				

3.1.4.3　检查线路的决策单

学习场	安装家居照明线路					
学习情境 3	安装两房两厅照明线路				学时	5 分钟
典型工作步骤 4 描述	用万用表欧姆挡检查两房两厅所有照明线路能否实现设计要求。用兆欧表测量绝缘电阻，检查导线和设备对地绝缘电阻，以及导线间、设备间、导线与设备间绝缘电阻是否大于等于 0.5MΩ，满足通电条件。					
计　划　对　比						
序号	可行性	经济性	可操作性	安全性	实施难度	综合评价
1						
2						
3						
4						
5						
6						
7						
8						
9						
10						
决策评价	班级		第（　　）组	组长签字		
	教师签字		日期			
	评语：					

3.1.4.4 检查线路的实施单

<table>
<tr><td colspan="2">学习场</td><td colspan="3">安装家居照明线路</td></tr>
<tr><td colspan="2">学习情境 3</td><td>安装两房两厅照明线路</td><td>学时</td><td>40 分钟</td></tr>
<tr><td colspan="2">典型工作步骤 4 描述</td><td colspan="3">用万用表欧姆挡检查两房两厅所有照明线路能否实现设计要求。用兆欧表测量绝缘电阻，检查导线和设备对地绝缘电阻，以及导线间、设备间、导线与设备间绝缘电阻是否大于等于 0.5MΩ，满足通电条件。</td></tr>
<tr><td>序号</td><td colspan="2">实 施 步 骤</td><td colspan="2">注 意 事 项</td></tr>
<tr><td colspan="5">检查线路是否满足设计要求：</td></tr>
<tr><td></td><td colspan="2"></td><td colspan="2" rowspan="11"></td></tr>
<tr><td></td><td colspan="2"></td></tr>
<tr><td></td><td colspan="2"></td></tr>
<tr><td></td><td colspan="2"></td></tr>
<tr><td></td><td colspan="2"></td></tr>
<tr><td></td><td colspan="2"></td></tr>
<tr><td></td><td colspan="2"></td></tr>
<tr><td></td><td colspan="2"></td></tr>
<tr><td></td><td colspan="2"></td></tr>
<tr><td></td><td colspan="2"></td></tr>
<tr><td></td><td colspan="2"></td></tr>
</table>

续表

序号	实施步骤	注意事项
进行线路绝缘电阻测试（线路已满足设计要求）：		
实施说明：		

实施评价	班级		第（　　）组	组长签字	
	教师签字		日期		
	评语：				

3.1.4.5　检查线路的检查单

学习场	安装家居照明线路		
学习情境 3	安装两房两厅照明线路	学时	10 分钟
典型工作步骤 4 描述	用万用表欧姆挡检查两房两厅所有照明线路能否实现设计要求。用兆欧表测量绝缘电阻，检查导线和设备对地绝缘电阻，以及导线间、设备间、导线与设备间绝缘电阻是否大于等于 0.5MΩ，满足通电条件。		

序号	检查项目	检查标准	学生自查	教师检查
1	万用表检查线路	会用万用表欧姆挡检查两地控制一灯线路是否满足设计要求。		
2	兆欧表测量绝缘电阻	会用兆欧表测量火线对地、零线对地和火线零线之间的绝缘电阻。		
3	绝缘电阻合格的标准	绝缘电阻 $\geqslant 0.5\text{M}\Omega$。		

检查评价	班级		第（　　）组	组长签字	
	教师签字		日期		
	评语：				

3.1.5　测试验收线路

3.1.5.1　测试验收线路的资讯单

学习场	安装家居照明线路		
学习情境 3	安装两房两厅照明线路	学时	5 分钟
典型工作步骤 5 描述	列出安全用电注意事项。教师监护，学生操作，测试验收两房两厅照明线路。		
搜集资讯的方式	（学生填写）		
资讯描述	（学生填写） 安全用电注意事项：		
对学生的要求	如有疑问，先组内交流，最后向指导教师咨询。		
参考资料			

3.1.5.2　测试验收线路的计划单

学习场	安装家居照明线路		
学习情境 3	安装两房两厅照明线路	学时	30 分钟
典型工作步骤 5 描述	列出安全用电注意事项。教师监护，学生操作，测试验收两房两厅照明线路。		
计划制订的方式	小组讨论		

序号	工 作 步 骤	具体工作内容或作用

计划评价	班级		第（　　）组	组长签字	
	教师签字		日期		
	评语：				

3.1.5.3　测试验收线路的决策单

<table>
<tr><td>学习场</td><td colspan="6">安装家居照明线路</td></tr>
<tr><td>学习情境3</td><td colspan="3">安装两房两厅照明线路</td><td>学时</td><td colspan="2">5分钟</td></tr>
<tr><td>典型工作步骤5描述</td><td colspan="6">列出安全用电注意事项。教师监护，学生操作，测试验收两房两厅照明线路。</td></tr>
<tr><td colspan="7">计　划　对　比</td></tr>
<tr><td>序号</td><td>可行性</td><td>经济性</td><td>可操作性</td><td>安全性</td><td>实施难度</td><td>综合评价</td></tr>
<tr><td>1</td><td></td><td></td><td></td><td></td><td></td><td></td></tr>
<tr><td>2</td><td></td><td></td><td></td><td></td><td></td><td></td></tr>
<tr><td>3</td><td></td><td></td><td></td><td></td><td></td><td></td></tr>
<tr><td>4</td><td></td><td></td><td></td><td></td><td></td><td></td></tr>
<tr><td>5</td><td></td><td></td><td></td><td></td><td></td><td></td></tr>
<tr><td>6</td><td></td><td></td><td></td><td></td><td></td><td></td></tr>
<tr><td>7</td><td></td><td></td><td></td><td></td><td></td><td></td></tr>
<tr><td>8</td><td></td><td></td><td></td><td></td><td></td><td></td></tr>
<tr><td>9</td><td></td><td></td><td></td><td></td><td></td><td></td></tr>
<tr><td>10</td><td></td><td></td><td></td><td></td><td></td><td></td></tr>
<tr><td rowspan="3">决策评价</td><td>班级</td><td></td><td>第（　　）组</td><td>组长签字</td><td colspan="2"></td></tr>
<tr><td>教师签字</td><td></td><td>日期</td><td colspan="3"></td></tr>
<tr><td colspan="6">评语：</td></tr>
</table>

3.1.5.4 测试验收线路的实施单

学习场	安装家居照明线路		
学习情境 3	安装两房两厅照明线路	学时	20 分钟
典型工作步骤 5 描述	列出安全用电注意事项。教师监护，学生操作，测试验收两房两厅照明线路。		

序号	实 施 步 骤	具体工作内容、作用或注意事项

实施说明：(教师可根据实训现场条件进一步调整、完善具体实施步骤。)

实施评价	班级		第（　　）组	组长签字	
	教师签字		日期		
	评语：				

3.1.5.5　测试验收线路的检查单

学习场	安装家居照明线路		
学习情境3	安装两房两厅照明线路	学时	10分钟
典型工作步骤5描述	列出安全用电注意事项。教师监护，学生操作，测试验收两房两厅照明线路。		

序号	检查项目	检查标准	学生自查	教师检查
1	安全用电常识	能说出3～5点安全用电常识。		
2	检测电源	会用万用表交流电压挡测量电源电压。		
3	测试验收线路操作过程	能正确操作通电过程。		

检查评价	班级		第（　　）组	组长签字	
	教师签字		日期		
	评语：				

3.2　安装两房两厅照明线路评价单

学习场	安装家居照明线路		
学习情境 3	安装两房两厅照明线路	学时	960 分钟
典型工作过程描述	绘制原理图—设计安装位置—安装线路—检查线路—测试验收线路		

评价项目	评价子项目配分	学生自评	组内评价	教师评价
绘制原理图 （10 分）	1. 资讯 2 分；2. 计划 2 分； 3. 决策 1 分；4. 实施 3 分； 5. 检查 1 分；6. 评价 1 分。			
设计安装位置 （10 分）	1. 资讯 2 分；2. 计划 2 分； 3. 决策 1 分；4. 实施 3 分； 5. 检查 1 分；6. 评价 1 分。			
安装线路 （35 分）	1. 资讯 5 分；2. 计划 5 分； 3. 决策 5 分；4. 实施 10 分； 5. 检查 5 分；6. 评价 5 分。			
检查线路 （26 分）	1. 资讯 2 分；2. 计划 4 分； 3. 决策 2 分；4. 实施 10 分； 5. 检查 6 分；6. 评价 2 分。			
测试验收线路 （19 分）	1. 资讯 2 分；2. 计划 5 分； 3. 决策 2 分；4. 实施 6 分； 5. 检查 2 分；6. 评价 2 分。			
成绩 （学生签名：　）	1. 资讯 13 分；2. 计划 18 分； 3. 决策 11 分；4. 实施 32 分； 5. 检查 15 分；6. 评价 11 分。			

评价的评价	班级		第（　　）组	组长签字	
	教师签字		日期		
	评语：				

3.3 材料工具清单

学习场	安装家居照明线路				
学习情境3	安装两房两厅照明线路			学时	960分钟
典型工作过程描述	绘制原理图—设计安装位置—安装线路—检查线路—测试验收线路				
序号	名称	作用	数量	型号规格	使用者
班级		第（ ）组	组长签字		
教师签字		日期			

3.4　教学反馈单

<table>
<tr><td>学习场</td><td colspan="4">安装家居照明线路</td></tr>
<tr><td>学习情境 3</td><td colspan="2">安装两房两厅照明线路</td><td>学时</td><td>960 分钟</td></tr>
<tr><td>典型工作过程描述</td><td colspan="4">绘制原理图—设计安装位置—安装线路—检查线路—测试验收线路</td></tr>
<tr><td rowspan="10">调查项目</td><td>序号</td><td>调 查 内 容</td><td colspan="2">理 由 描 述</td></tr>
<tr><td></td><td></td><td colspan="2"></td></tr>
<tr><td></td><td></td><td colspan="2"></td></tr>
<tr><td></td><td></td><td colspan="2"></td></tr>
<tr><td></td><td></td><td colspan="2"></td></tr>
<tr><td></td><td></td><td colspan="2"></td></tr>
<tr><td></td><td></td><td colspan="2"></td></tr>
<tr><td></td><td></td><td colspan="2"></td></tr>
<tr><td></td><td></td><td colspan="2"></td></tr>
<tr><td></td><td></td><td colspan="2"></td></tr>
<tr><td colspan="5">您对本次课程教学的改进意见：</td></tr>
</table>

调查信息	被调查人姓名		调查日期	

学习情境 3-36

学习情境 4

安装智能家居照明线路

案例 10
一生为国
铸盾
——程开甲

案例 11
用心点亮
千万家
——张黎明

案例 12
中央企业技术
能手、全国
"五一"劳动
奖章获得者
——李炎

4.0 学习性工作任务单

学习场	安装家居照明线路					
学习情境 4	安装智能家居照明线路				学时	960 分钟
典型工作过程描述	绘制原理图—设计安装位置—安装线路—检查线路—测试验收线路					
学习目标	1. 能安装无线智能家居照明线路。 2. 遵守电气工程施工规范。 3. 树立安全用电意识。					
任务描述	1. 根据给定的电源箱系统图（附图 3.1），绘制智能家居照明线路工作原理图、平面布置图和安装接线图。 2. 在两房两厅（长 3000mm、宽 1500mm、高 2400mm 的套房，墙壁全部采用 2mm 的镀锌网孔板）居室内进行无线智能家居照明线路暗线布置安装。要求：①两房两厅每间房间需配置一独立电源开关供电的无线智能照明；②两房两厅居室需配置智能普通插座和空调插座各一个；③根据给定的要求，自由设计房间照明线路和插座安装位置并进行暗线敷设；④要求 2.5 天内完成任务；⑤可选的智能灯具、开关见附表 3.8。					
学时安排	资讯 50 分钟	计划 100 分钟	决策 25 分钟	实施 710 分钟	检查 50 分钟	评价 25 分钟
对学生的要求	1. 实训前必须熟悉工作任务单和教学引导文。 2. 按时、按步骤完成当天的实训任务。 3. 实训室应保持肃静，组员间沟通讨论应低音交流，不得谈笑喧哗，不许搞其他动作，以免影响他人实训。 4. 实训过程中，不得抄写他人的实训记录，否则，须重做。如有疑问，应向指导教师询问清楚后方可进行。 5. 每天安排值日生负责打扫实训室，保持室内整洁，注意关上电源、门窗。					
参考资料	《房屋建筑制图统一标准》(GB/T 50001—2017) 《建筑电气工程施工质量验收规范》(GB 50303—2015)					

4.1　教学引导文

学习场	安装家居照明线路	学习情境 4	安装智能家居照明线路	参照系	工作内容：两房两厅居室内进行无线智能照明线路暗线布置安装。	
普适性工作过程 典型工作过程	资讯	计划	决策	实施	检查	评价
绘制原理图	确定工作岗位人员；根据给定的系统图（附图 3.1）和要求绘制两房两厅照明线路工作原理图，即一共画出 4 个照明回路和 2 个插座回路的工作原理图，指出智能家居控制系统主要包括哪些系统，完成 4.1.1.1 绘制原理图的资讯单。	通过小组讨论和咨询专家等，拟定绘制两房两厅照明线路工作原理图的计划，完成 4.1.1.2 绘制原理图的计划单。	从可行性、经济性、可操作性、实施难易程度进行分析、比较、判断各计划的优点与不足，加以评分，选出最优计划。	通过小组讨论等，画出两房两厅照明线路的工作原理图，完成 4.1.1.4 绘制原理图的实施单。	按照 4.1.1.5 绘制原理图的检查单中的检查项目和检查标准，进行学生自查和教师检查。	根据评价子项目配分，进行自评、互评和教师评价，填写 4.2 安装智能家居照明线路评价单。
设计安装位置	现场勘察给定两房两厅结构尺寸，确定每一个房间使用的灯具及其开关，提出灯具、开关和插座可安装的位置，完成 4.1.2.1 设计安装位置的资讯单。	通过小组讨论等，编制两房两厅照明线路的定位计划，完成 4.1.2.2 设计安装位置的计划单。	从可行性、经济性、可操作性、安全性、实施难易程度进行分析、比较、判断各计划的优点与不足，加以评分，选出最优计划。	现场勘察，小组讨论，根据现场从电源箱处暗敷输出管的实际位置进行最优布置，画出小组最终确定的两房两厅照明线路平面布置图。安装高度说明： 开关安装距地 1.2～1.4m；因受工位实际情况限制，开关距门框不作要求；空调插座底边距地 2m，普通插座底边距地 0.3m；镜前灯、壁灯灯座距地 1.8m，其他灯具按吸顶安装。	按照 4.1.2.5 设计安装位置的检查单中的检查项目和检查标准，进行学生自查和教师检查。	根据评价子项目配分，进行自评、互评和教师评价，填写 4.2 安装智能家居照明线路评价单。

续表

学习场	安装家居照明线路	学习情境4	安装智能家居照明线路	参照系	工作内容：两房两厅居室内进行无线智能照明线路暗线布置安装。	
普适性工作过程 / 典型工作过程	资讯	计划	决策	实施	检查	评价
安装线路	确定各工作岗位人员。在两房两厅（长3000mm、宽1500mm、高2400mm的套房，墙壁全部采用2mm的镀锌网孔板）居室内进行无线智能照明线路暗线布置安装，根据确定的平面布置图，绘制安装接线图，指出有线智能家居和无线智能家居的优缺点，完成4.1.3.1安装线路的资讯单。	通过小组讨论等，编制两房两厅照明线路的安装计划，填报施工进度计划表（附录4）完，成4.1.3.2安装线路的计划单。	从可行性、经济性、可操作性、安全性、实施难易程度进行分析、比较、判断各计划的优点与不足，加以评分，选出最优计划。	根据安装接线图，填写设备材料工具清单，由物料员领取灯具、管线和其他辅料，先固定开关、插座底盒和灯座，再布置和固定PVC管，利用穿线器穿好各回路的火线、零线、地线，连接开关插座，完成线路安装。	按照4.1.3.5安装线路的检查单中的检查项目和检查标准，进行学生自查和教师检查。	根据评价子项目配分，进行自评、互评和教师评价，填写4.2安装智能家居照明线路评价单。
检查线路	万用表欧姆挡可测量线路通断与否。兆欧表可测量绝缘电阻；一般情况下，导线和设备对地绝缘电阻，导线间、设备间、导线与设备间绝缘电阻均大于等于0.5MΩ，满足通电条件。	通过小组讨论等，编制两房两厅照明线路检查计划，完成4.1.4.2检查线路的计划单。	从可行性、经济性、可操作性、安全性、实施难易程度进行分析、比较、判断各计划的优点与不足，加以评分，选出最优计划。	用万用表欧姆挡×1挡，检测安装的照明线路能否实现设计要求。用兆欧表测量火线对地绝缘电阻、零线对地绝缘电阻和火线与零线间的绝缘电阻。	按照4.1.4.5检查线路的检查单中的检查项目和检查标准，进行学生自查和教师检查。	根据评价子项目配分，进行自评、互评和教师评价，填写4.2安装智能家居照明线路评价单。

续表

学习场	安装家居照明线路	学习情境 4	安装智能家居照明线路	参照系	工作内容：两房两厅居室内进行无线智能照明线路暗线布置安装。	
普适性工作过程 典型工作过程	资讯	计划	决策	实施	检查	评价
测试验收线路	通过网上查询和小组讨论等，列出安全用电注意事项。教师作为监护人，同学作为操作人，通过实训室总配电箱—分配电箱（房间电源箱）提供电源，接通两房两厅线路，进行测试验收线路。	通过小组讨论等，编制两房两厅照明线路测试验收线路计划，完成 4.1.5.2 测试验收线路的计划单。	从可行性、经济性、可操作性、安全性、实施难易程度进行分析、比较、判断各计划的优点与不足，加以评分，选出最优计划。	依次通电检查各照明线路、插座线路，完成测试验收线路，填写照明电路验收表（附录 2）。最后进行工作环境整理、整顿、清扫、清洁工作。	按照 4.1.5.5 测试验收线路的检查单中的检查项目和检查标准，进行学生自查和教师检查。	根据评价子项目配分，进行自评、互评和教师评价，填写 4.2 安装智能家居照明线路评价单。

4.1.1　绘制原理图

4.1.1.1　绘制原理图的资讯单

<table>
<tr><td>学习场</td><td colspan="3">安装家居照明线路</td></tr>
<tr><td>学习情境 4</td><td>安装智能家居照明线路</td><td>学时</td><td>5 分钟</td></tr>
<tr><td>典型工作步骤 1 描述</td><td colspan="3">根据给定的系统图，绘制 4 个照明线路和 2 个插座线路的工作原理图。</td></tr>
<tr><td>搜集资讯的方式</td><td colspan="3">上网查询、小组座谈</td></tr>
<tr><td>资讯描述</td><td colspan="3">1. 填写岗位分配表（表 2.4.1）。
表 2.4.1　岗 位 分 配 表
<table>
<tr><th>类别</th><th>岗位</th><th>人数</th><th>姓名</th><th>备　注</th></tr>
<tr><td>班组长</td><td>组长</td><td>1</td><td></td><td>负责小组的组织与管理</td></tr>
<tr><td>设计</td><td>设计员</td><td></td><td></td><td>负责小组照明线路的设计</td></tr>
<tr><td>绘图</td><td>绘图员</td><td></td><td></td><td>负责小组照明线路的绘制</td></tr>
</table>
2. 绘制。
3. 列出你感兴趣的智能家居控制系统。</td></tr>
<tr><td>对学生的要求</td><td colspan="3">网上查询相关知识，如有疑问，先组内交流，最后向指导教师咨询。</td></tr>
<tr><td>参考资料</td><td colspan="3"></td></tr>
</table>

4.1.1.2　绘制原理图的计划单

学习场	安装家居照明线路		
学习情境 4	安装智能家居照明线路	学时	5 分钟
典型工作步骤 1 描述	根据给定的系统图，绘制 4 个照明线路和 2 个插座线路的工作原理图。		
计划制订的方式	小组讨论、咨询专家		

序号	工 作 步 骤	注 意 事 项
1	准备画图工具。	
2	确定灯和开关图形符号。	
3	确定灯和开关布局，并在纸上画出图形符号。	
4	绘制两地控制一吸顶灯线路工作原理图。	
5	绘制 3 个单控镜前灯线路工作原理图。	
6	绘制 1 个普通插座线路工作原理图。	
7	绘制 1 个空调插座线路工作原理图。	

计划评价	班级		第（　　）组	组长签字	
	教师签字		日期		
	评语：				

4.1.1.3　绘制原理图的决策单

学习场	安装家居照明线路		
学习情境 4	安装智能家居照明线路	学时	5 分钟
典型工作步骤 1 描述	根据给定的系统图，绘制 4 个照明线路和 2 个插座线路的工作原理图。		

计　划　对　比

序号	可行性	经济性	可操作性	实施难度	综合评价
1					
2					
3					
4					
5					
6					
7					
8					
9					
10					

决策评价	班级		第（　　）组	组长签字	
	教师签字		日期		
	评语：				

4.1.1.4　绘制原理图的实施单

<table>
<tr><td>学习场</td><td colspan="5">安装家居照明线路</td></tr>
<tr><td>学习情境 4</td><td colspan="3">安装智能家居照明线路</td><td>学时</td><td>20 分钟</td></tr>
<tr><td>典型工作步骤 1 描述</td><td colspan="5">根据给定的系统图，绘制 4 个照明线路和 2 个插座线路的工作原理图。</td></tr>
<tr><td>序号</td><td colspan="2">实 施 步 骤</td><td colspan="3">工 作 原 理 图</td></tr>
<tr><td></td><td colspan="2"></td><td colspan="3" rowspan="11"></td></tr>
<tr><td></td><td colspan="2"></td></tr>
<tr><td></td><td colspan="2"></td></tr>
<tr><td></td><td colspan="2"></td></tr>
<tr><td></td><td colspan="2"></td></tr>
<tr><td></td><td colspan="2"></td></tr>
<tr><td></td><td colspan="2"></td></tr>
<tr><td></td><td colspan="2"></td></tr>
<tr><td></td><td colspan="2"></td></tr>
<tr><td></td><td colspan="2"></td></tr>
<tr><td></td><td colspan="2"></td></tr>
<tr><td colspan="6">实施说明：</td></tr>
</table>

<table>
<tr><td rowspan="3">实施评价</td><td>班级</td><td></td><td>第（　　）组</td><td>组长签字</td><td></td></tr>
<tr><td>教师签字</td><td></td><td>日期</td><td colspan="2"></td></tr>
<tr><td colspan="5">评语：</td></tr>
</table>

4.1.1.5　绘制原理图的检查单

学习场	安装家居照明线路		
学习情境 4	安装智能家居照明线路	学时	10 分钟
典型工作步骤 1 描述	根据给定的系统图，绘制 4 个照明线路和 2 个插座线路的工作原理图。		

序号	检 查 项 目	检 查 标 准	学生自查	教师检查
1	1 开双控开关结构	能说出 1 开双控开关由 1 个动触点和 2 个静触点组成。		
2	两地控制一灯线路原理图	能画出两地控制一灯线路原理图。		
3	空调插座线路原理图	能画出空调插座线路原理图。		

检查评价	班级		第（　　）组	组长签字	
	教师签字		日期		
	评语：				

4.1.2　设计安装位置

4.1.2.1　设计安装位置的资讯单

学习场	安装家居照明线路		
学习情境 4	安装智能家居照明线路	学时	15 分钟
典型工作步骤 2 描述	设计长 3000mm、宽 1500mm、高 2400mm 两房两厅的套房内智能照明线路开关、插座和灯具的安装位置。		
搜集资讯的方式	（学生填）		
资讯描述	确定每一个房间使用的灯具及其开关，用简图表示小组提出的所有平面布置图。（学生填）		
对学生的要求	如有疑问，先组内交流，最后向指导教师咨询。		
参考资料			

4.1.2.2　设计安装位置的计划单

学习场	安装家居照明线路		
学习情境 4	安装智能家居照明线路	学时	15 分钟
典型工作步骤 2 描述	设计长 3000mm、宽 1500mm、高 2400mm 两房两厅的套房内智能照明线路开关、插座和灯具的安装位置。		
计划制订的方式	小组讨论、咨询老师		

序号	工 作 步 骤	注 意 事 项

计划评价	班级		第（　）组	组长签字	
	教师签字		日期		
	评语：				

4.1.2.3　设计安装位置的决策单

<table>
<tr><td>学习场</td><td colspan="6">安装家居照明线路</td></tr>
<tr><td>学习情境 4</td><td colspan="4">安装智能家居照明线路</td><td>学时</td><td>5 分钟</td></tr>
<tr><td>典型工作步骤 2 描述</td><td colspan="6">设计长 3000mm、宽 1500mm、高 2400mm 两房两厅的套房内智能照明线路开关、插座和灯具的安装位置。</td></tr>
<tr><td colspan="7">计　划　对　比</td></tr>
<tr><td>序号</td><td>可行性</td><td>经济性</td><td>可操作性</td><td>安全性</td><td>实施难度</td><td>综合评价</td></tr>
<tr><td>1</td><td></td><td></td><td></td><td></td><td></td><td></td></tr>
<tr><td>2</td><td></td><td></td><td></td><td></td><td></td><td></td></tr>
<tr><td>3</td><td></td><td></td><td></td><td></td><td></td><td></td></tr>
<tr><td>4</td><td></td><td></td><td></td><td></td><td></td><td></td></tr>
<tr><td>5</td><td></td><td></td><td></td><td></td><td></td><td></td></tr>
<tr><td>6</td><td></td><td></td><td></td><td></td><td></td><td></td></tr>
<tr><td>7</td><td></td><td></td><td></td><td></td><td></td><td></td></tr>
<tr><td>8</td><td></td><td></td><td></td><td></td><td></td><td></td></tr>
<tr><td>9</td><td></td><td></td><td></td><td></td><td></td><td></td></tr>
<tr><td>10</td><td></td><td></td><td></td><td></td><td></td><td></td></tr>
<tr><td rowspan="3">决策评价</td><td>班级</td><td></td><td>第（　　）组</td><td>组长签字</td><td colspan="2"></td></tr>
<tr><td>教师签字</td><td></td><td>日期</td><td colspan="3"></td></tr>
<tr><td colspan="6">评语：</td></tr>
</table>

4.1.2.4　设计安装位置的实施单

<table>
<tr><td colspan="2">学习场</td><td colspan="3">安装家居照明线路</td></tr>
<tr><td colspan="2">学习情境 4</td><td>安装智能家居照明线路</td><td>学时</td><td>20 分钟</td></tr>
<tr><td colspan="2">典型工作步骤 2 描述</td><td colspan="3">设计长 3000mm、宽 1500mm、高 2400mm 两房两厅的套房内智能照明线路开关、插座和灯具的安装位置。</td></tr>
<tr><td>序号</td><td colspan="2">实 施 步 骤</td><td colspan="2">注 意 事 项</td></tr>
<tr><td></td><td colspan="2"></td><td colspan="2" rowspan="9">根据现场从电源箱处暗敷输出管的实际位置进行最优布置。</td></tr>
<tr><td></td><td colspan="2"></td></tr>
<tr><td></td><td colspan="2"></td></tr>
<tr><td></td><td colspan="2"></td></tr>
<tr><td></td><td colspan="2"></td></tr>
<tr><td></td><td colspan="2"></td></tr>
<tr><td></td><td colspan="2"></td></tr>
<tr><td></td><td colspan="2"></td></tr>
<tr><td></td><td colspan="2"></td></tr>
</table>

续表

实施说明：

1. 在房屋结构图（图 2.4.1）中，画出小组最终设计的两房两厅照明线路平面布置图。

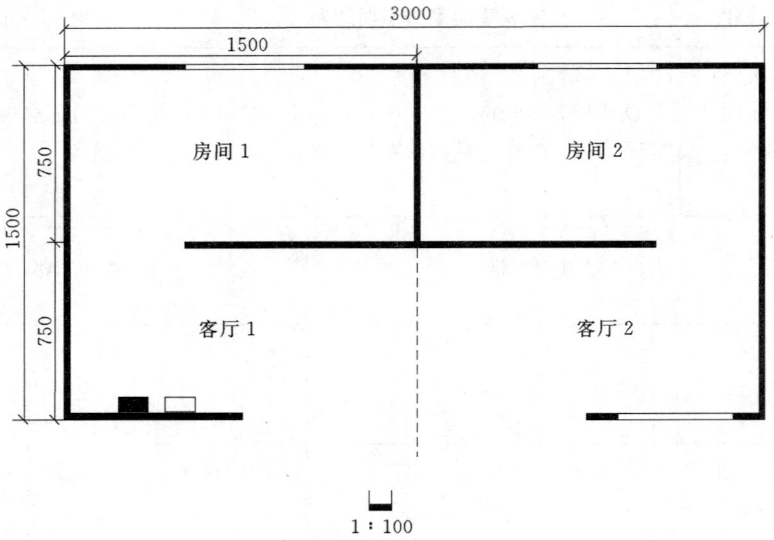

图 2.4.1　房屋结构图（六）

2. 安装高度说明。

（1）开关安装距地 1.2～1.4m。因受工位实际情况限制，开关距门框不作要求。

（2）空调插座底边距地 2m，普通插座底边距地 0.3m。

（3）镜前灯、壁灯灯座距地 1.8m，其他灯具按吸顶安装。

3. 智能开关插座与普通开关插座的安装位置有什么不同吗？

实施评价	班级		第（　　）组	组长签字	
	教师签字		日期		
	评语：				

4.1.2.5　设计安装位置的检查单

<table>
<tr><td colspan="2">学习场</td><td colspan="4">安装家居照明线路</td></tr>
<tr><td colspan="2">学习情境 4</td><td colspan="2">安装智能家居照明线路</td><td>学时</td><td>10 分钟</td></tr>
<tr><td colspan="2">典型工作步骤 2 描述</td><td colspan="4">设计长 3000mm、宽 1500mm、高 2400mm 两房两厅的套房内智能照明线路开关、插座和灯具的安装位置。</td></tr>
<tr><td>序号</td><td>检 查 项 目</td><td colspan="2">检 查 标 准</td><td>学生自查</td><td>教师检查</td></tr>
<tr><td>1</td><td>单管日光（镜前灯）图形符号</td><td colspan="2">能画出单管日光（镜前灯）图形符号。</td><td></td><td></td></tr>
<tr><td>2</td><td>吸顶灯图形符号</td><td colspan="2">能画出吸顶灯图形符号。</td><td></td><td></td></tr>
<tr><td>3</td><td>暗装单极开关图形符号</td><td colspan="2">能画出暗装单极开关图形符号。</td><td></td><td></td></tr>
<tr><td>4</td><td>暗装双控开关图形符号</td><td colspan="2">能画出暗装双控开关图形符号。</td><td></td><td></td></tr>
<tr><td>5</td><td>暗装单相三极插座（带接地）图形符号</td><td colspan="2">能画出暗装单相三极插座（带接地）图形符号。</td><td></td><td></td></tr>
<tr><td></td><td></td><td colspan="2"></td><td></td><td></td></tr>
<tr><td></td><td></td><td colspan="2"></td><td></td><td></td></tr>
<tr><td></td><td></td><td colspan="2"></td><td></td><td></td></tr>
<tr><td></td><td></td><td colspan="2"></td><td></td><td></td></tr>
</table>

<table>
<tr><td rowspan="3">检查评价</td><td>班级</td><td></td><td>第（　　）组</td><td>组长签字</td><td></td></tr>
<tr><td>教师签字</td><td></td><td>日期</td><td colspan="2"></td></tr>
<tr><td colspan="5">评语：</td></tr>
</table>

学习情境 4-15

4.1.3　安装线路

4.1.3.1　安装线路的资讯单

<table>
<tr><td>学习场</td><td colspan="3">安装家居照明线路</td></tr>
<tr><td>学习情境 4</td><td>安装智能家居照明线路</td><td>学时</td><td>20 分钟</td></tr>
<tr><td>典型工作步骤 3 描述</td><td colspan="3">在长 3000mm、宽 1500mm、高 2400mm 两房两厅的套房内，根据自行设计的平面布置图和安装接线图，进行智能照明线路暗线布置安装。</td></tr>
<tr><td>搜集资讯的方式</td><td colspan="3">查阅图书资料、搜索网络、小组座谈等</td></tr>
<tr><td>资讯描述</td><td colspan="3">1. 确定各工作岗位人员（表 2.4.2）。

表 2.4.2　岗 位 分 配 表

<table>
<tr><th>类别</th><th>岗位</th><th>人数</th><th>姓名</th><th>备　注</th></tr>
<tr><td>班组长</td><td>组长</td><td>1</td><td></td><td>负责小组的组织与管理</td></tr>
<tr><td>安全</td><td>安全员</td><td>1</td><td></td><td>负责小组实训过程中的相关安全问题的预测与保障</td></tr>
<tr><td>设计</td><td>设计员</td><td>1</td><td></td><td>负责小组照明线路设计及绘制</td></tr>
<tr><td>施工</td><td>施工员</td><td>1</td><td></td><td>负责小组照明线路的安装</td></tr>
<tr><td>物料</td><td>物料员</td><td>1</td><td></td><td>负责小组施工物料的管理</td></tr>
<tr><td>监理</td><td>监理员</td><td>1</td><td></td><td>负责监察实施步骤执行情况</td></tr>
</table>
（1）设一个班 45 人，分为 8 个小组，每个小组 5～6 人。若人员有浮动。根据实际情况调节人数（可设兼职）。
（2）每个班组按照岗位不同，进行分工协作，共同完成分配的任务。
（3）教学过程中，以任务为导向，以团队为基本单元，开展课堂组织与工作实施。</td></tr>
</table>

续表

<table>
<tr><td>资讯描述

2.4.1　零火版智能开关接线原理图</td><td>2. 根据确定的平面布置图，在下面的房屋结构图（图 2.4.2）中绘制安装接线图。

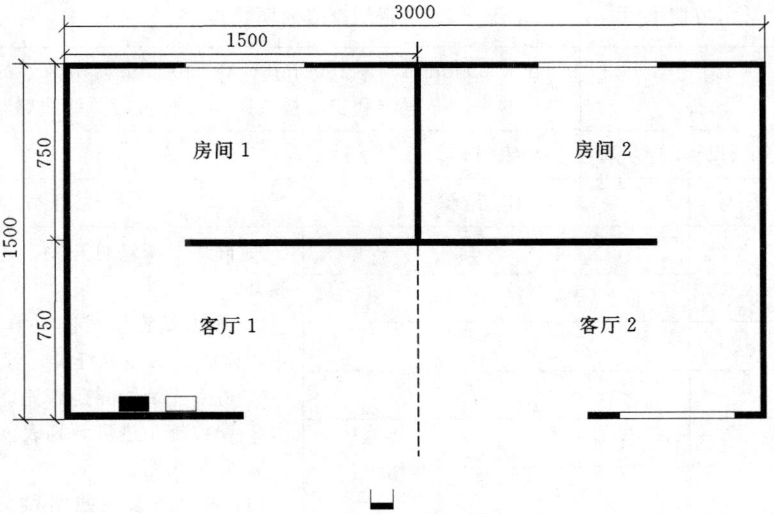

1：100
图 2.4.2　房屋结构图（七）

3. 有线智能家居的优缺点：

4. 无线智能家居的优缺点：

5. 智能开关插座与普通开关插座的安装接线的不同点：

</td></tr>
<tr><td>对学生的要求</td><td>如有疑问，先组内交流，最后向指导教师咨询。</td></tr>
<tr><td>参考资料</td><td></td></tr>
</table>

4.1.3.2　安装线路的计划单

学习场	安装家居照明线路		
学习情境 4	安装智能家居照明线路	学时	30 分钟
典型工作步骤 3 描述	在长 3000mm、宽 1500mm、高 2400mm 两房两厅的套房内，根据自行设计的平面布置图和安装接线图，进行智能照明线路暗线布置安装。		
计划制订的方式	小组讨论		

序号	工作步骤	注意事项
		1. 确保电源箱总开关，各分支电源开关均已断开。 2. 根据安装接线图，填写设备材料工具清单，由物料员领取灯具、管线和其他辅料。 3. 检查安装物料是否完好，可用。 4. 编报施工进度计划表（附录 4）。 5. 安装线路。 （1）根据安装接线图和安装高度说明，确定灯具、插座、开关、配电箱等设备的水平位置和高度，固定开关、插座底盒和灯座。 （2）确定每个回路导线敷设 PVC 管的路径（编写工作步骤时，应能体现确定客厅 1、客厅 2、房间 1、房间 2、普通插座、空调插座线路管道路径的先后顺序）。 （3）管道拐弯处进行弯管。 （4）敷设管道（编写工作步骤时，应能体现敷设客厅 1、客厅 2、房间 1、房间 2、普通插座、空调插座线路管道的先后顺序）。 （5）扫管穿线（编写工作步骤时，应能体现客厅 1、客厅 2、房间 1、房间 2、普通插座、空调插座线路穿线的先后顺序）。 （6）连接导线及分支（编写工作步骤时，应能体现连接客厅 1、客厅 2、房间 1、房间 2、普通插座、空调插座线路的先后顺序）。 （7）完成灯座、插座、开关的接线。

计划评价	班级		第（　　）组	组长签字	
	教师签字		日期		
	评语：				

4.1.3.3 安装线路的决策单

<table>
<tr><td>学习场</td><td colspan="6">安装家居照明线路</td></tr>
<tr><td>学习情境 4</td><td colspan="4">安装智能家居照明线路</td><td>学时</td><td>5 分钟</td></tr>
<tr><td>典型工作步骤 3 描述</td><td colspan="6">在长 3000mm、宽 1500mm、高 2400mm 两房两厅的套房内，根据自行设计的平面布置图和安装接线图，进行智能照明线路暗线布置安装。</td></tr>
<tr><td colspan="7">计 划 对 比</td></tr>
<tr><td>序号</td><td>可行性</td><td>经济性</td><td>可操作性</td><td>安全性</td><td>实施难度</td><td>综合评价</td></tr>
<tr><td>1</td><td></td><td></td><td></td><td></td><td></td><td></td></tr>
<tr><td>2</td><td></td><td></td><td></td><td></td><td></td><td></td></tr>
<tr><td>3</td><td></td><td></td><td></td><td></td><td></td><td></td></tr>
<tr><td>4</td><td></td><td></td><td></td><td></td><td></td><td></td></tr>
<tr><td>5</td><td></td><td></td><td></td><td></td><td></td><td></td></tr>
<tr><td>6</td><td></td><td></td><td></td><td></td><td></td><td></td></tr>
<tr><td>7</td><td></td><td></td><td></td><td></td><td></td><td></td></tr>
<tr><td>8</td><td></td><td></td><td></td><td></td><td></td><td></td></tr>
<tr><td>9</td><td></td><td></td><td></td><td></td><td></td><td></td></tr>
<tr><td>10</td><td></td><td></td><td></td><td></td><td></td><td></td></tr>
</table>

<table>
<tr><td rowspan="3">决策评价</td><td>班级</td><td></td><td>第（ ）组</td><td>组长签字</td><td></td></tr>
<tr><td>教师签字</td><td></td><td>日期</td><td colspan="2"></td></tr>
<tr><td colspan="5">评语：</td></tr>
</table>

学习情境 4-19

4.1.3.4　安装线路的实施单

学习场	安装家居照明线路		
学习情境 4	安装智能家居照明线路	学时	610 分钟
典型工作步骤 3 描述	在长 3000mm、宽 1500mm、高 2400mm 两房两厅的套房内，根据自行设计的平面布置图和安装接线图，进行智能照明线路暗线布置安装。		

序号	实 施 步 骤	注 意 事 项
		1. 着装规范。应穿实训服、运动鞋施工。不允许穿拖鞋、打赤脚、打赤膊、穿裙子、穿短装、披头散发等施工。 2. 注意施工安全。不允许将工具放置在房屋配电箱箱内、顶上和房屋屋顶梁、柱等高处；在施工过程中，不得私自通电试验。 3. 文明施工。组员间沟通讨论应低音交流，不得谈笑喧哗，不许打闹。 4. 安装材料的使用，应在不影响安装结果的前提下注意节约，杜绝浪费。 5. 安装过程如有设备破损须报告指导教师，并填写设备损坏登记簿。 6. 安装完毕后，须将设备和用具等整理清洁，按原来的位置摆设放置，清扫工作现场。 2.4.2　智能开关双控接线及设置

实施说明：

实施评价	班级		第（　　）组	组长签字	
	教师签字		日期		
	评语：				

4.1.3.5　安装线路的检查单

<table>
<tr><td colspan="2">学习场</td><td colspan="5">安装家居照明线路</td></tr>
<tr><td colspan="2">学习情境 4</td><td colspan="2">安装智能家居照明线路</td><td colspan="2">学时</td><td>10 分钟</td></tr>
<tr><td colspan="2">典型工作步骤 3
描述</td><td colspan="5">在长 3000mm、宽 1500mm、高 2400mm 两房两厅的套房内，根据自行设计的平面布置图和安装接线图，进行智能照明线路暗线布置安装。</td></tr>
<tr><td>序号</td><td colspan="2">检 查 项 目</td><td colspan="2">检 查 标 准</td><td>学生自查</td><td>教师检查</td></tr>
<tr><td>1</td><td colspan="2">照明线路接线原则</td><td colspan="2">火线进开关，零线进灯头。</td><td></td><td></td></tr>
<tr><td>2</td><td colspan="2">两地控制一吸顶灯线路</td><td colspan="2">能在安装现场指出两地控制一灯安装线路火线和零线走向。</td><td></td><td></td></tr>
<tr><td>3</td><td colspan="2">暗装单相三极插座接线原则</td><td colspan="2">左零右火接地在上。</td><td></td><td></td></tr>
<tr><td></td><td colspan="2"></td><td colspan="2"></td><td></td><td></td></tr>
<tr><td></td><td colspan="2"></td><td colspan="2"></td><td></td><td></td></tr>
<tr><td></td><td colspan="2"></td><td colspan="2"></td><td></td><td></td></tr>
<tr><td></td><td colspan="2"></td><td colspan="2"></td><td></td><td></td></tr>
<tr><td></td><td colspan="2"></td><td colspan="2"></td><td></td><td></td></tr>
<tr><td></td><td colspan="2"></td><td colspan="2"></td><td></td><td></td></tr>
</table>

<table>
<tr><td rowspan="3">检查评价</td><td>班级</td><td></td><td>第（　　）组</td><td>组长签字</td><td></td></tr>
<tr><td>教师签字</td><td></td><td>日期</td><td colspan="2"></td></tr>
<tr><td colspan="5">评语：</td></tr>
</table>

4.1.4　检查线路

4.1.4.1　检查线路的资讯单

学习场	安装家居照明线路		
学习情境 4	安装智能家居照明线路	学时	5 分钟
典型工作步骤 4 描述	用万用表欧姆挡检查两房两厅所有照明线路能否实现设计要求。用兆欧表测量绝缘电阻，检查导线和设备对地绝缘电阻，以及导线间、设备间、导线与设备间绝缘电阻是否大于等于 0.5MΩ，满足通电条件。		
搜集资讯的方式	（学生填写）		
资讯描述	（学生填写） 智能灯具的检查方法： 智能开关的检查方法： 配置智能开关、插座的线路检查步骤的不同点：		
对学生的要求			
参考资料			

4.1.4.2　检查线路的计划单

学习场	安装家居照明线路			
学习情境 4	安装智能家居照明线路		学时	20 分钟
典型工作步骤 4 描述	用万用表欧姆挡检查两房两厅所有照明线路能否实现设计要求。用兆欧表测量绝缘电阻，检查导线和设备对地绝缘电阻，以及导线间、设备间、导线与设备间绝缘电阻是否大于等于 0.5MΩ，满足通电条件。			
计划制订的方式	小组讨论			

序号	工 作 步 骤	注 意 事 项
检查线路是否满足设计要求：		
进行线路绝缘电阻测试（线路已满足设计要求）：		

计划评价	班级		第（　　）组	组长签字	
	教师签字		日期		
	评语：				

4.1.4.3 检查线路的决策单

<table>
<tr><td>学习场</td><td colspan="6">安装家居照明线路</td></tr>
<tr><td>学习情境 4</td><td colspan="4">安装智能家居照明线路</td><td>学时</td><td>5 分钟</td></tr>
<tr><td>典型工作步骤 4 描述</td><td colspan="6">用万用表欧姆挡检查两房两厅所有照明线路能否实现设计要求。用兆欧表测量绝缘电阻，检查导线和设备对地绝缘电阻，以及导线间、设备间、导线与设备间绝缘电阻是否大于等于 0.5MΩ，满足通电条件。</td></tr>
<tr><td colspan="7">计　划　对　比</td></tr>
<tr><td>序号</td><td>可行性</td><td>经济性</td><td>可操作性</td><td>安全性</td><td>实施难度</td><td>综合评价</td></tr>
<tr><td>1</td><td></td><td></td><td></td><td></td><td></td><td></td></tr>
<tr><td>2</td><td></td><td></td><td></td><td></td><td></td><td></td></tr>
<tr><td>3</td><td></td><td></td><td></td><td></td><td></td><td></td></tr>
<tr><td>4</td><td></td><td></td><td></td><td></td><td></td><td></td></tr>
<tr><td>5</td><td></td><td></td><td></td><td></td><td></td><td></td></tr>
<tr><td>6</td><td></td><td></td><td></td><td></td><td></td><td></td></tr>
<tr><td>7</td><td></td><td></td><td></td><td></td><td></td><td></td></tr>
<tr><td>8</td><td></td><td></td><td></td><td></td><td></td><td></td></tr>
<tr><td>9</td><td></td><td></td><td></td><td></td><td></td><td></td></tr>
<tr><td>10</td><td></td><td></td><td></td><td></td><td></td><td></td></tr>
<tr><td></td><td></td><td></td><td></td><td></td><td></td><td></td></tr>
<tr><td></td><td></td><td></td><td></td><td></td><td></td><td></td></tr>
<tr><td rowspan="3">决策评价</td><td>班级</td><td></td><td>第（　　）组</td><td>组长签字</td><td colspan="2"></td></tr>
<tr><td>教师签字</td><td></td><td>日期</td><td colspan="3"></td></tr>
<tr><td colspan="6">评语：</td></tr>
</table>

4.1.4.4 检查线路的实施单

<table>
<tr><td>学习场</td><td colspan="5">安装家居照明线路</td></tr>
<tr><td>学习情境 4</td><td colspan="3">安装智能家居照明线路</td><td>学时</td><td>40 分钟</td></tr>
<tr><td>典型工作步骤 4 描述</td><td colspan="5">用万用表欧姆挡检查两房两厅所有照明线路能否实现设计要求。用兆欧表测量绝缘电阻，检查导线和设备对地绝缘电阻，以及导线间、设备间、导线与设备间绝缘电阻是否大于等于 0.5MΩ，满足通电条件。</td></tr>
<tr><td>序号</td><td colspan="3">实 施 步 骤</td><td colspan="2">注 意 事 项</td></tr>
<tr><td colspan="6">检查线路是否满足设计要求：</td></tr>
<tr><td></td><td colspan="3"></td><td colspan="2" rowspan="7"></td></tr>
<tr><td></td><td colspan="3"></td></tr>
<tr><td></td><td colspan="3"></td></tr>
<tr><td></td><td colspan="3"></td></tr>
<tr><td></td><td colspan="3"></td></tr>
<tr><td></td><td colspan="3"></td></tr>
<tr><td></td><td colspan="3"></td></tr>
<tr><td colspan="6">进行线路绝缘电阻测试（线路已满足设计要求）：</td></tr>
<tr><td></td><td colspan="3"></td><td colspan="2" rowspan="6"></td></tr>
<tr><td></td><td colspan="3"></td></tr>
<tr><td></td><td colspan="3"></td></tr>
<tr><td></td><td colspan="3"></td></tr>
<tr><td></td><td colspan="3"></td></tr>
<tr><td></td><td colspan="3"></td></tr>
<tr><td colspan="6">实施说明：</td></tr>
<tr><td rowspan="3">实施评价</td><td>班级</td><td></td><td>第（　　）组</td><td>组长签字</td><td></td></tr>
<tr><td>教师签字</td><td></td><td>日期</td><td colspan="2"></td></tr>
<tr><td colspan="5">评语：</td></tr>
</table>

4.1.4.5　检查线路的检查单

<table>
<tr><td colspan="2">学习场</td><td colspan="3">安装家居照明线路</td></tr>
<tr><td colspan="2">学习情境 4</td><td>安装智能家居照明线路</td><td>学时</td><td>10 分钟</td></tr>
<tr><td colspan="2">典型工作步骤 4 描述</td><td colspan="3">用万用表欧姆挡检查两房两厅所有照明线路能否实现设计要求。用兆欧表测量绝缘电阻，检查导线和设备对地绝缘电阻，以及导线间、设备间、导线与设备间绝缘电阻是否大于等于 0.5MΩ，满足通电条件。</td></tr>
<tr><td>序号</td><td>检 查 项 目</td><td>检 查 标 准</td><td>学生自查</td><td>教师检查</td></tr>
<tr><td>1</td><td>万用表检查线路</td><td>会用万用表欧姆挡检查两地控制一灯线路是否满足设计要求。</td><td></td><td></td></tr>
<tr><td>2</td><td>兆欧表测量绝缘电阻</td><td>会用兆欧表测量火线对地、零线对地和火线零线之间的绝缘电阻。</td><td></td><td></td></tr>
<tr><td>3</td><td>绝缘电阻合格的标准</td><td>绝缘电阻≥0.5MΩ。</td><td></td><td></td></tr>
<tr><td></td><td></td><td></td><td></td><td></td></tr>
<tr><td></td><td></td><td></td><td></td><td></td></tr>
<tr><td></td><td></td><td></td><td></td><td></td></tr>
<tr><td></td><td></td><td></td><td></td><td></td></tr>
<tr><td></td><td></td><td></td><td></td><td></td></tr>
</table>

<table>
<tr><td rowspan="3">检查评价</td><td>班级</td><td></td><td>第（　　）组</td><td>组长签字</td><td></td></tr>
<tr><td>教师签字</td><td></td><td>日期</td><td colspan="2"></td></tr>
<tr><td colspan="5">评语：</td></tr>
</table>

4.1.5　测试验收线路

4.1.5.1　测试验收线路的资讯单

学习场	安装家居照明线路		
学习情境 4	安装智能家居照明线路	学时	5 分钟
典型工作步骤 5 描述	列出安全用电注意事项。教师监护，学生操作，测试验收两房两厅智能照明线路。		
搜集资讯的方式	（学生填写）		
资讯描述	1. 安全用电注意事项。 2. 教师作为监护人，同学作为操作人，通过实训室总配电箱—分配电箱（房间电源箱）提供电源，接通两房两厅线路，进行测试验收线路，填写照明电路验收表（附录 2）。 3. 智能语音灯具的优缺点。 ____________________ ____________________ ____________________ 2.4.3　米家智能开关配网步骤		
对学生的要求	如有疑问，先组内交流，最后向指导教师咨询。		
参考资料			

4.1.5.2　测试验收线路的计划单

学习场	安装家居照明线路		
学习情境 4	安装智能家居照明线路	学时	30 分钟
典型工作步骤 5 描述	列出安全用电注意事项。教师监护，学生操作，测试验收两房两厅智能照明线路。		
计划制订的方式	小组讨论		

序号	工作步骤	具体工作内容或作用

计划评价	班级		第（　　）组	组长签字	
	教师签字		日期		
	评语：				

4.1.5.3　测试验收线路的决策单

<table>
<tr><td>学习场</td><td colspan="6">安装家居照明线路</td></tr>
<tr><td>学习情境4</td><td colspan="4">安装智能家居照明线路</td><td>学时</td><td>5分钟</td></tr>
<tr><td>典型工作步骤5描述</td><td colspan="6">列出安全用电注意事项。教师监护，学生操作，测试验收两房两厅智能照明线路。</td></tr>
<tr><td colspan="7">计　划　对　比</td></tr>
<tr><td>序号</td><td>可行性</td><td>经济性</td><td>可操作性</td><td>安全性</td><td>实施难度</td><td>综合评价</td></tr>
<tr><td>1</td><td></td><td></td><td></td><td></td><td></td><td></td></tr>
<tr><td>2</td><td></td><td></td><td></td><td></td><td></td><td></td></tr>
<tr><td>3</td><td></td><td></td><td></td><td></td><td></td><td></td></tr>
<tr><td>4</td><td></td><td></td><td></td><td></td><td></td><td></td></tr>
<tr><td>5</td><td></td><td></td><td></td><td></td><td></td><td></td></tr>
<tr><td>6</td><td></td><td></td><td></td><td></td><td></td><td></td></tr>
<tr><td>7</td><td></td><td></td><td></td><td></td><td></td><td></td></tr>
<tr><td>8</td><td></td><td></td><td></td><td></td><td></td><td></td></tr>
<tr><td>9</td><td></td><td></td><td></td><td></td><td></td><td></td></tr>
<tr><td>10</td><td></td><td></td><td></td><td></td><td></td><td></td></tr>
<tr><td rowspan="3">决策评价</td><td>班级</td><td></td><td>第（　　）组</td><td>组长签字</td><td colspan="2"></td></tr>
<tr><td>教师签字</td><td></td><td>日期</td><td colspan="3"></td></tr>
<tr><td colspan="6">评语：</td></tr>
</table>

学习情境
4-29

4.1.5.4　测试验收线路的实施单

学习场	安装家居照明线路		
学习情境 4	安装智能家居照明线路	学时	20 分钟
典型工作步骤 5 描述	列出安全用电注意事项。教师监护，学生操作，测试验收两房两厅智能照明线路。		

序号	实 施 步 骤	具体工作内容、作用或注意事项

实施说明：（教师可根据实训现场条件进一步调整、完善具体实施步骤。）

实施评价	班级		第（　　）组	组长签字	
	教师签字		日期		
	评语：				

4.1.5.5　测试验收线路的检查单

<table>
<tr><td colspan="2">学习场</td><td colspan="5">安装家居照明线路</td></tr>
<tr><td colspan="2">学习情境 4</td><td colspan="3">安装智能家居照明线路</td><td>学时</td><td>10 分钟</td></tr>
<tr><td colspan="2">典型工作步骤 5
描述</td><td colspan="5">列出安全用电注意事项。教师监护，学生操作，测试验收两房两厅智能照明线路。</td></tr>
<tr><td>序号</td><td colspan="2">检 查 项 目</td><td colspan="2">检 查 标 准</td><td>学生自查</td><td>教师检查</td></tr>
<tr><td>1</td><td colspan="2">安全用电常识</td><td colspan="2">能说出 3～5 点安全用电常识。</td><td></td><td></td></tr>
<tr><td>2</td><td colspan="2">检测电源</td><td colspan="2">会用万用表交流电压挡测量电源电压。</td><td></td><td></td></tr>
<tr><td>3</td><td colspan="2">测试验收线路操作过程</td><td colspan="2">能正确操作通电过程。</td><td></td><td></td></tr>
<tr><td></td><td colspan="2"></td><td colspan="2"></td><td></td><td></td></tr>
<tr><td></td><td colspan="2"></td><td colspan="2"></td><td></td><td></td></tr>
<tr><td></td><td colspan="2"></td><td colspan="2"></td><td></td><td></td></tr>
<tr><td></td><td colspan="2"></td><td colspan="2"></td><td></td><td></td></tr>
<tr><td></td><td colspan="2"></td><td colspan="2"></td><td></td><td></td></tr>
<tr><td colspan="2" rowspan="3">检查评价</td><td>班级</td><td></td><td>第（　　）组</td><td>组长签字</td><td></td></tr>
<tr><td>教师签字</td><td></td><td>日期</td><td colspan="2"></td></tr>
<tr><td colspan="5">评语：</td></tr>
</table>

4.2　安装智能家居照明线路评价单

<table>
<tr><td>学习场</td><td colspan="6">安装家居照明线路</td></tr>
<tr><td>学习情境 4</td><td colspan="4">安装智能家居照明线路</td><td>学时</td><td>960 分钟</td></tr>
<tr><td>典型工作过程描述</td><td colspan="6">绘制原理图—设计安装位置—安装线路—检查线路—测试验收线路</td></tr>
<tr><td>评价项目</td><td colspan="2">评价子项目配分</td><td>学生自评</td><td colspan="2">组内评价</td><td>教师评价</td></tr>
<tr><td>绘制原理图
（10 分）</td><td colspan="2">1. 资讯 2 分；2. 计划 2 分；3. 决策 1 分；4. 实施 3 分；5. 检查 1 分；6. 评价 1 分。</td><td></td><td colspan="2"></td><td></td></tr>
<tr><td>设计安装位置
（10 分）</td><td colspan="2">1. 资讯 2 分；2. 计划 2 分；3. 决策 1 分；4. 实施 3 分；5. 检查 1 分；6. 评价 1 分。</td><td></td><td colspan="2"></td><td></td></tr>
<tr><td>安装线路
（35 分）</td><td colspan="2">1. 资讯 5 分；2. 计划 5 分；3. 决策 5 分；4. 实施 10 分；5. 检查 5 分；6. 评价 5 分。</td><td></td><td colspan="2"></td><td></td></tr>
<tr><td>检查线路
（26 分）</td><td colspan="2">1. 资讯 2 分；2. 计划 4 分；3. 决策 2 分；4. 实施 10 分；5. 检查 6 分；6. 评价 2 分。</td><td></td><td colspan="2"></td><td></td></tr>
<tr><td>测试验收线路
（19 分）</td><td colspan="2">1. 资讯 2 分；2. 计划 5 分；3. 决策 2 分；4. 实施 6 分；5. 检查 2 分；6. 评价 2 分。</td><td></td><td colspan="2"></td><td></td></tr>
<tr><td>成绩
（学生签名：　）</td><td colspan="2">1. 资讯 13 分；2. 计划 18 分；3. 决策 11 分；4. 实施 32 分；5. 检查 15 分；6. 评价 11 分。</td><td></td><td colspan="2"></td><td></td></tr>
<tr><td rowspan="3">评价的评价</td><td>班级</td><td></td><td>第（　　）组</td><td>组长签字</td><td colspan="2"></td></tr>
<tr><td>教师签字</td><td></td><td>日期</td><td colspan="3"></td></tr>
<tr><td colspan="6">评语：</td></tr>
</table>

4.3　材料工具清单

学习场	安装家居照明线路				
学习情境 4	安装智能家居照明线路			学时	960 分钟
典型工作过程描述	绘制原理图—设计安装位置—安装线路—检查线路—测试验收线路				
序号	名称	作用	数量	型号规格	使用者
班级		第（　　）组	组长签字		
教师签字		日期			

4.4　教学反馈单

学习场	安装家居照明线路			
学习情境 4	安装智能家居照明线路		学时	960 分钟
典型工作过程描述	绘制原理图—设计安装位置—安装线路—检查线路—测试验收线路			
调查项目	序号	调 查 内 容	理 由 描 述	
您对本次课程教学的改进意见：				
调查信息	被调查人姓名		调查日期	

参 考 文 献

[1] 姜大源．职业教育学新论［M］．北京：教育科学出版社，2007.

[2] 姜大源．工作过程导向的高职课程开发探索与实践——国家示范性高等职业院校课程开发案例汇编［M］．北京：高等教育出版社，2008.

[3] 戴士宏．职业教育课程教学改革［M］．北京：清华大学出版社，2007.

[4] 雷红梅，施华．电工基础［M］．北京：中国水利水电出版社，2016.

[5] 杨金桃．高级电工技能训练［M］．北京：中国电力出版社，2015.

[6] 中国建筑标准设计研究院有限公司．GB/T 50001—2017 房屋建筑制图统一标准［S］．北京：中国建筑工业出版社，2018.

[7] 浙江省住房和城乡建设厅．GB 50303—2015 建筑电气工程施工质量验收规范［S］．北京：中国计划出版社，2016.

附录 1　成绩报告单和教师实施计划单

成 绩 报 告 单

___班级___学习场（课程）成绩报告单														
学习场		安装家居照明线路												
学习情境（　　）									学时					
典型工作过程描述														
序号	姓名	第一个学习任务				第二个学习任务				第 N 个学习任务				总评
		自评	互评	教师评	合计	自评	互评	教师评	合计	自评	互评	教师评	合计	
班级			教师签字						日期					

教 师 实 施 计 划 单

学习场	安装家居照明线路					
学习情境（　　）				学时		
典型工作过程描述						
序号	工作与学习步骤	学时	使用工具	地点	方式	备注
班级		教师签字			日期	

附录2 照明电路验收表

附录2　照明电路验收表

照明电路验收表				
位置：		时间：		
序号	检查项目	检查结果		备注及说明
1	对照电路图看线路是否正确	是	否	
2	照明灯及灯座是否缺损	是	否	
3	灯座是否缺固定螺丝	是	否	
4	照明灯通电是否亮	是	否	
5	面板安装是否平整	是	否	
6	面板是否固定牢固	是	否	
7	开关面板开启是否灵活	是	否	
8	无接点松动，断线	是	否	
9	露铜不超过2mm	是	否	
10	是否有预留的线	是	否	
11	不压绝缘层	是	否	
12	是否有断路	是	否	
13	是否有短路	是	否	
14	配电箱布线是否整齐、美观	是	否	
15	其他问题			
记录员：				

附录3　灯具开关及电源箱资料

灯具开关列表

名　称	型号规格
镜前灯 T5（含光源）	灯源长度均为 0.61m，为 T5 普通直管（LED），功率为 10W
三防日光灯（含光源）	输入电源：220V，50Hz 交流，采用电子镇流器，功率为 2×18W；家装类，长度尺寸约 650mm
格栅射灯（带光源）	输入电源：220V，50Hz 交流；带灯源和变压器，功率为 20W，射灯数量 2 盏；家装类
床头壁灯（带光源）	工作电源：220V，50Hz 交流；每盏为 25W，灯源为磨砂螺口白炽灯；家装类
吸顶节能灯（含光源）	输入电源：220V，50Hz 交流；功率 20W，吸顶节能灯尺寸约为 300mm×300mm；家装类
筒灯（含光源）	3 寸竖螺口筒灯，3 盏筒灯做成一个灯组，选用优质铝材；灯源选用 9W 电子节能灯；家装类
调光开关	86 面板，家装类暗装
触摸开关	86 面板，带防水盒；家装类暗装
声控开关	86 面板，家装类暗装
3 开双控开关	86 面板，家装类暗装
2 开双控开关	86 面板，家装类暗装
1 开双控开关	86 面板，带防水盒家装类暗装
1 开多控开关	86 面板，家装类暗装
智能开关（单火-单键）	智能控制，86 型单火版-单键（无零线也能用）
智能开关（双键）	智能控制，86 型单火版-双键（无零线也能用）
智能开关（零火-单键）	Wi-Fi 版，小爱同学语音控制，86 型零火版-单键（有零线才能用）
智能插座	86 型智能墙壁插座，Wi-Fi 版，小爱同学语音控制，
小爱同学智能音箱	语音遥控，APP 操控，DTS 音效
智能吸顶灯	固定式 LED 灯具（吸顶式，LED 模块用交流电子控制装置）IX172A 型，智能操控；亚克力吸顶灯
智能语音吸顶灯	固定式 LED 灯具，离线语音控制；亚克力吸顶灯

附录3　零火版和单火版智能开关功能区别

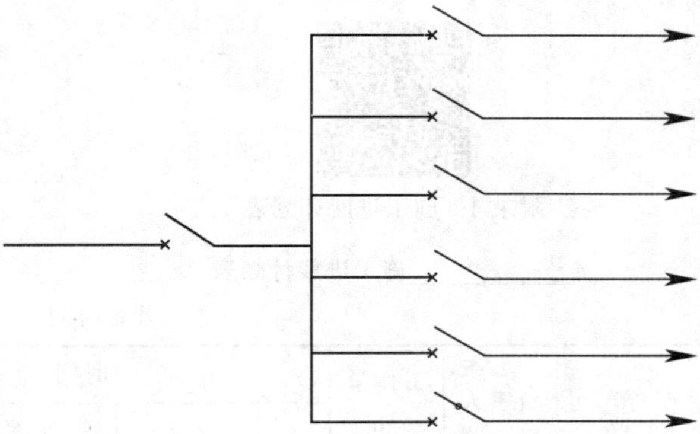

附图3.1　电源箱系统图

附录4　施工进度计划表

附录4　施工进度计划表

____________施工进度计划表

小组名称：　　　　　　　　　　　　　　　　　　　　　　开始时间：

序号	工作名称	内　　容	负责人	工作量/h	时间/h				
									监理签名及建议
1									
2									
3									
4									
5									
6									
7									
8									
9									
10									

说明：1. 一份完整的工作计划应从工作准备开始，直到工作结束交付的一整个过程，同时把资源投入情况做充分合理的考虑。

2. 计划进度请用虚线箭头- - - →，实际进度请用实线箭头———→。